엄마가 모르는 아이의 속마음

엄마!
저도 체면이
있어요

엄마! 저도 체면이 있어요

엄마가 모르는 아이의 속마음

개정판 1쇄 인쇄 | 2015년 7월 1일
개정판 1쇄 발행 | 2015년 7월 5일

지은이 | 홍미경
펴낸곳 | 함께북스
펴낸이 | 조완욱

등록번호 | 제1-1115호
주소 | 경기도 고양시 덕양구 행주내동 735-9
전화 | 031-979-6566~7
팩스 | 031-979-6568
이메일 | harmkke@hanmail.net

ISBN 978-89-7504-628-5   03590

이 도서는 『내 아이 마음 보살피기』의 개정판 입니다.

이 도서의 국립중앙도서관 출판예정도서목록(CIP)은 서지정보유통지원시스템 홈페이지(http://seoji.nl.go.kr)와
국가자료공동목록시스템(http://www.nl.go.kr/kolisnet)에서 이용하실 수 있습니다.
(CIP제어번호: CIP2015015141)

엄마가 모르는 아이의 속마음

엄마!
저도 체면이
있어요

홍미경 지음

함께
BOOKS

contents

PART 1   우리 아이 이대로 괜찮을까?
아 이 가   아 파 요 • I2

친구와의 관계 ● ● ●

01 혼자 있기 좋아해요 • I4

02 낯가림이 심해요 • I9

03 친구 사귀기 힘들어해요 • 24

04 친구와 자주 다투어요 • 29

교사와의 관계 ● ● ●

05 산만해서 꾸중을 자주 들어요 • 33

06 선생님을 무서워해요 • 39

07 질서와 규칙을 잘 지키지 않아요 • 43

08 말대꾸를 잘해요 • 47

PART 2 엄마가 모르는 아이의 속마음

엄 마 , 제 마 음 좀 알 아 주 세 요 • 52

01 친구들과 놀기 싫어요 • 54

02 시험 때만 되면 무섭고 불안해요 • 59

03 동생이나 친구를 괴롭혀요 • 63

04 자꾸 눈치를 봐요 • 68

05 편식이 심해요 • 72

06 학교 가기 겁이 나요 • 79

07 체육시간을 싫어해요 • 85

08 학기 초가 되면 항상 불안해요 • 90

09 말수가 없고 자기표현을 못해요 • 96

PART 3

부모를 미치게 하는
아이 행동에 숨겨진 비밀

자 존 감 은 인 생 의 열 쇠 • IO2

01 거짓말을 잘해요 • IO4

02 말을 더듬어요 • IIO

03 저도 체면이 있어요 • II5

04 이기적이고 잘난 척이 심해요 • I2I

05 친구의 부탁을 거절 못해요 • I27

06 엄마 말을 잔소리로 들어요 • I3I

07 엄마와 서먹해요 • I36

08 울며 떼를 써요 • I4I

09 남의 물건을 훔쳐요 • I47

10 너무 쉽게 상처받아요 • I52

11 동생이 생긴 후로 어리광이 심해요 • I57

PART 4 스스로 공부하는
단단한 공부 근육 키우기
왜 공부를 해야 하는지 알려주세요 • 162

01 아는 문제도 자주 틀려요 • 164

02 우리 아이가 ADHD래요 • 169

03 공부에 관심이 없어요 • 174

04 집중력이 없어요 • 178

05 성적이 안 올라요 • 184

06 책읽기를 싫어해요 • 189

07 숙제를 하지 않으려 해요 • 195

PART 5

평생 자산이 될
단단한 속마음 코칭하기

감 정 을 잘 다 루 는 아 이 가 행 복 하 다 • 200

01 감정을 조절 못해요 • 202

02 스스로는 아무것도 못해요 • 207

03 제멋대로 행동해요 • 212

04 너무 예민해요 • 216

05 걱정이 너무 많아요 • 219

06 실패할 것 같아 불안해요 • 224

07 조금만 힘들어도 쉽게 포기해요 • 229

08 정리정돈을 못해요 • 234

당당하고 행복한 아이를 위하여

필자는 20여 년 동안 유치원을 운영하면서 유아놀이치료사, 유아언어치료사, 유아체육교사로서의 경험과 노하우를 대학 등 다양한 기관과 단체에 나가 강의를 통해 풀어 나가고 있다. 그런데 겉으로는 행복해 보여도 마음이 아픈 아이들이 날마다 무서운 속도로 늘고 있다는 사실을 모르는 어른들이 너무 많다. 부모들은 특히 자신의 아이가 행복하다고 믿고 싶어 한다.

아이들이 모여 있는 모습을 보면 병아리떼 같다. 나를 에워싼 아이들의 맑고 초롱한 눈을 들여다보노라면 '힐링 캠프'가 따로 없다 싶은데 천사 같은 모습과 달리 유치원에서는 오늘도 온갖 사건사고가 끊이질 않는다.

친구들과 잘 어울리지 못하고 혼자 겉도는 아이를 보면 신경이 쓰이고 가슴이 아프다. 수업 시간에 집중하지 못하고 왔다갔다하거나 멍하니 있는 아이를 봐도 신경이 쓰여 자꾸 돌아보게 된다.

우리 아이들이 모두 아프거나 병들지 않고 즐겁게 유치원, 초등학교, 그리고 중고등학교를 졸업하고 원하는 대학에 가서 공부를 하고, 세상에 나와 원하는 일을 하며 살았으면 좋겠는데.

바쁜 일상이나 각자의 사정 때문에 내 아이의 속마음을 들여다볼 여유가 없으니 그렇게 믿고 싶은 것도 무리는 아니다. 그런데 어느 날 아이가 좀 이상하다는 사실을 깨닫고 놀라 전화를 걸거나 찾아오거나 메일로 상담을 요청하는 엄마들이 늘고 있다.

매사에 의욕이 없고, 자신감이 없고, 집중력이 없고, 친구를 잘 사귀지 못한다는 하소연이 대부분이다. 우리 아이들에게 부족하거나 없는 것이 왜 이렇게 많을까? 혹시 아이들을 바라보는 우리 어른의 시선에 문제가 있는 것은 아닐까? 내 아이를 당당하고 행복한 아이로 키우고 싶어하는 부모들을 위해 그간의 경험과 노하우를 담은 자녀교육서 《내 아이 마음 보살피기》를 펴내게 되었다. 솔직히 말하면 부모들을 위한다기보다 우리 아이들을 위한 것이다. 아이들의 마음을 좀 제대로 알아주세요, 하는….

엄마들을 대상으로 하는 강연에서 나는 입버릇처럼 아이들의 체면을 손상시키지 말라고 조언한다. 한창 자아상을 만들며 성장하고 있는 아이에게 체면은 매우 중요하기 때문이다. 체면이나 자존심은 어른에게만 있는 것이 아니다. 아이를 있는 그대로의 모습으로 인정하고 칭찬하고 체면을 살려주면, 문제를 가지고 있던 아이들도 반드시 변한다.

아이에게 있어 세상은 스트레스와 두려움으로 가득한 곳이다. 그러므로 부모의 도움과 격려가 필요한데 도움을 주기는커녕 도리어 그것들을 더 가중시키는 부모들이 적지 않다. 비판적인 말, 부정적인 말이 입에 밴 부모들이 대표적이다. 조그만 일에도 칭찬해 주고 긍정적인 표현을 자주 해주자. 긍정적인 표현에는 놀라운 힘이 숨어 있다. 긍정적인 말은 아이의 속마음을 보듬어주고 자긍심을 형성하고, 자신 있고 당당하게 성장하도록 이끈다.

아이는 부모가 자신을 대하는 태도에서 스스로 자존감을 만들어간다. 있는 그대로의 아이를 믿고 인정하는 것, 이것이 바로 내 아이 마음 보살피기의 열쇠이다.

홍미경

PART 1

우리 아이
이대로
괜찮을까?

아 이 가   아 파 요

아이에게 있어 친구관계는 미래를 결정짓는 요인 가운데 하나다. 그런데 아이가 또래들과 어울리지 못하고 혼자 겉도는 것을 보면 부모로선 너무나 안타깝고 가슴이 아프다. 그러나 부모가 힘들다고 해도 아이만큼 힘들겠는가!

따라서 아이의 속마음을 잘 보살펴주고 수용해주어야 한다. 이는 부모에게 위로받고 보호받는다는 느낌이 들게 하여 또래들과의 관계에 대한 저항을 줄이는 하나의 방법이 될 수 있다.

아이가 혼자서 놀거나 친구 사귀는 것을 힘들어하면 부모 입장에서는 가슴이 아프고 안타까운 마음이 앞선다. 그렇더라도 안타까운 시선으로 바라보거나 재촉해선 안 된다. 안타까운 시선은 아이를 더

욱 의기소침하게 만들 뿐 아니라 스스로에 대해 부정적인 인식을 갖게 한다.

긍정적인 사고로 아이를 격려하고, 사랑하고, 아껴주자. 그리고 아이와 친하게 지내는 친구가 있으면 이름을 기억해 불러주자. 친구들과 장난감이나 학용품을 사이좋게 함께 사용할 기회를 자연스럽게 만들어주는 것도 좋은 방법이다.

무엇보다도 부모 스스로가 아이를 믿고 느긋하게 행동하는 것이 중요하다. 부모의 마음 상태는 아이에게 고스란히 전염된다. 찌푸린 얼굴보다 밝은 표정을 짓는 사람에게 사람들이 끌리는 것처럼 아이가 자신감을 잃지 않으면 친구들과의 관계 역시 적신호에서 청신호로 바뀌게 된다.

친구와의 관계

01 혼자 있기 좋아해요 ...

유치원이나 학교에 아이를 보내기만 하
면 저절로 아이에게 친구가 생길 거라고 생각하는 부모가 많다. 그러나
아이가 친구를 사귀는 것은 그리 쉬운 문제가 아니다. 집에서 부모의 사
랑만 받다가 처음으로 나가본 세상, 또래 친구들과 함께 지내고 사귀는
걸 힘들어하는 친구가 의외로 많다.

아이들에게 있어 친구와의 관계 맺기는 무엇보다 중요하다. 아이들은
친구들을 통해 인간관계의 기초를 형성하고 건전한 자아상과 세계관을

그려 나가기 때문이다. 어떤 친구들과 어울리느냐에 따라 많은 것이 달라지기도 한다.

특히 6~10세의 아이들은 또래와의 차이를 인식하면서 의사소통 능력이 향상된다. 함께하는 놀이를 통해 더불어 사는 법을 배우고 협동성을 몸에 익히게 된다. 또래 친구들과 잘 어울리는 아이들은 심리적인 안정감이 높고 그렇지 않은 아이에 비해 공격적 성향이 낮은 것을 알 수 있다.

아이가 친구들과 어울리기보다 혼자 있는 것을 더 좋아한다면? 사실 많은 부모들이 시간이 좀 지나면 괜찮아지겠지, 하는 막연한 기대심리로 아이를 그대로 방치하는 경우가 많다. 그 결과 아이는 어려서부터 친구들과 잘 어울리지 못하고 관계 형성에 미숙한 상태로 자라서 청소년이 되어서도 외톨이가 되는 경우가 많다.

45개월 된 여자아이를 키우고 있는 직장맘으로부터 다음과 같은 메일을 받았다.

20개월까지 제 여동생이 돌봐주다가 그 이후 어린이집에 보내게 되었습니다. 적응하는 데 2주 정도 걸린 듯합니다. 아침 7시 30분에 어린이집에 데려다 주고 저녁 7시 경에 데리러 갑니다. 아이들은 대부분 6시 전에 엄마들이 집에 데리고 간다는데, 오랜 시간 어린이집에서 지내는 아이를 생각하면 늘 미안한 마음입니다.

며칠 전 선생님과 이야기를 나눌 기회가 있었습니다. 그런데 아이가 밥도 잘 안 먹고, 혼자 있거나 수업시간에 누워있기를 좋다한다고 합니다. 처음에는 선생님의 말이 잘 믿기지 않았어요. 왜냐하면 집에서는 얌전하고 말도 잘 듣는 편이거든요.

아이는 혼자 놀고 있다가도 다른 아이가 와서 건드리면 서럽게 울고 친구한테 맞아도 울기만 하고 대응을 못합니다. 그런 경우 아이에게 같이 때리라고 하니까, "그러면 친구가 아프잖아!"라고 말합니다. 다른 아이들이 모두 집에 가고 혼자 남으면 심심해하기보다 오히려 좋아한다고 해요. 그리고 아파트 놀이터에서도 아이들이 놀고 있으면 그쪽으로 안 가려고 합니다. 아기 때부터 너무 오랫동안 엄마와 있지 못하고 이모에게 맡겨둬서 그런 건 아닌지 걱정입니다.

메일 내용으로 봐선 아이가 조심성이 많고 아주 예민한 성격인 것 같다. 발달연령상으로 보면 또래 친구에 대한 관심이 증가할 뿐 아니라 관계 맺기를 시도하는 것이 자연스러운 시기이다.

조심성이 많고 감성적으로 예민한 아이는 친구와 사귈 때 다른 아이들의 사소한 말과 행동에 크게 상처를 받을 수 있다. 그대로 아이를 방치하면 아이는 친구들과 어울리기를 포기하고 혼자 있는 것에 익숙하게 된다.

이럴 때 부모가 아이의 마음을 잘 헤아려주고 있는 그대로 받아들이는 태도를 보이면 아이는 자신이 위로받고 보호받는다고 느끼게 되어 관계 맺기에 따른 불안이나 두려움에서 어느 정도 벗어날 수 있다.

아이가 마음이 편할 때 궁금한 것도 물어보고 필요한 조언도 자연스럽게 해주는 것이 좋다. 학원에 가지 않는 주말에 아이가 좋아하는 친구를 두세 명 정도 집으로 초대해 함께 어울리는 기회를 마련해주는 것도 도움이 된다. 아이는 엄마와 함께 세상에서 가장 안전하고 편안한 집에서 친구들과 어울리며 혼자 있을 때와는 다른 재미와 즐거움을 느끼게 될 것이고, 시간이 지나면서 아이는 타인과의 관계에 대한 불안과 두려움으로부터 차츰 벗어나게 된다.

초등학교 3학년 아이를 둔 한 엄마는 이렇게 고민을 토로했다.

우리 딸은 혼자 있는 걸 정말 좋아해요. 친한 친구랑 가끔 수다 떨고 하는 모습을 보면 그렇지도 않은 것 같은데 혼자 노는 걸 더 좋아하는 것 같아요. 학원을 다녀도 여럿이 함께 배우는 영어나 수학은 싫어하는데 미술이나 피아노는 선생님이 일 대 일로 봐주시니까 괜찮아하는 것 같아요.

혼자 책 보고 공부하는 시간에 비해서는 성적이 좋은 편은 아니에요. 과외도 시켜봤는데 효과가 별로 없어서 이제 곧 고학년이 되는데 걱정이 앞서네요.

혼자 있기 좋아하는 아이의 문제점은 적극적인 학습 동기를 얻지 못한다는 것이다. 인간의 동기유발 방법 중 대표적인 것이 경쟁과 협동이다. 이 두 가지는 친구들과 함께 어울리는 과정에서 자연스레 익히게 된다.

경쟁은 다른 사람보다 더 뛰어나기 위해 노력하는 자기 지향적인 특성 때문에 그 에너지로 학습목표 성취에 박차를 가할 수 있다. 공동의 목표를 달성하기 위해 다른 사람과 더불어 발맞추는 협동을 통해 집단 생산성을 높일 수 있으며 이 또한 학습에 아주 효과적이다. 따라서 경쟁과 협동을 통해 아이들은 자연스레 학습태도를 습득하고 더욱 적극적으로 학습활동에 임한다.

혼자서 놀거나 친구들의 눈치를 보며 주위를 빙빙 도는 아이들에게는 다음과 같은 공통점이 있다. 지나치게 내성적이거나 소극적이어서 이웃과 잘 어울리지 못하는 부모를 둔 경우와, 부모와의 관계 또한 썩 원만하지 못하다는 것이다.

아이는 부모의 거울이라는 말이 있듯이 아이는 자연스레 부모를 닮아가게 된다. 아이를 위해서라도 부모는 좀더 적극적으로 사람들과 교제를 나눌 필요가 있다. 집에서 부모와의 관계가 원만하지 않은 아이는 밖에서도 친구들과 잘 어울리지 못한다. 거꾸로 말하면, 부모와 관계가 돈독한 아이는 밖에서도 친구들과 잘 어울린다는 것이다.

아이에게 있어 친구는 미래를 결정짓는 중요한 요인 가운데 하나다. 그런데 아이가 잘 어울리지 못하고 혼자 겉도는 모습을 보면 부모의 가슴은 무너진다. 아이는 또한 그런 자신이 얼마나 싫고 무섭겠는가.

아이의 마음을 잘 헤아려주고 적절하게 보살펴줄 때 아이는 안심하고 다음 단계로 나아갈 수 있다. 아이를 믿어주고 격려하는 것 이상의 방안은 없는 것이다.

02 낯가림이 심해요 ● ● ●

어른이 되어서도 낯가림을 극복하지 못하는 사람들이 많다. 아이는 오죽하겠는가. 위험 예방 차원에서도 낯선 사람을 대할 때 조심하는 것은 바람직한 일이다. 그러나 사람을 지나치게 경계하다 보면 원만한 인간관계를 좀처럼 형성할 수 없다.

유독 낯가림이 심한 아이들이 있다. 친구 한 명 사귀기가 힘들고 그 관계를 지속하는 것도 쉽지 않은 경우가 많다.

낯가림이 심한 아이는 좀처럼 친구들과 잘 어울리지 못한다. 오랜 시간 빙빙 돌며 친구들의 동태를 관찰한다. 그러다 서서히 마음을 열고 친구들과 어울리는 아이도 있지만 좀처럼 먼저 다가가지 못하는 아이들도 있다. 이때 야단을 치거나 채근을 해서는 안된다. 자연스럽게 친구와 어울릴 수 있도록 계기를 마련해 주고 주의깊게 보살펴주는 노력이 필요하다.

낯가림이 심한 아이는 대부분 교사와의 관계도 매끄럽지 않다. 특히 초등학교에 입학하거나 신학기에 들어설 때 만나는 새로운 친구들이나 선생님의 존재가 아이에게는 크나큰 부담으로 작용하기도 한다.

낯가림이 심한 유형의 아이에게는 강제적인 성격을 띤 관계맺기가 큰 고역이다. 그러므로 시간이 필요하다. 친구들과 선생님의 얼굴을 익히고 적응을 한 뒤에 자연스럽게 다가가도록 유도해야 한다. 친밀감이 형성된 상태에서는 아무리 소극적이고 낯가림이 심한 아이라도 자신의 의사에 따라 먼저 호감을 표시하기도 하고 관계에 응하게 된다.

아이들의 낯가림은 크게 두 가지로 구분할 수 있다.

❶ 다른 사람에게 별로 관심이 없고 밖에 나가기보다 혼자 놀기를 좋아하는 경우
❷ 처음 만난 사람이나 낯선 장소에서는 너무 불안해서 말을 하지 못하는 경우

전자의 경우 아이는 다른 사람이 자기를 보고 있다고 의식하면 하고 싶은 말을 참는 등 자기표현을 억제한다. 후자의 경우는 앞에 나서는 것 자체를 싫어하고 여러 사람 앞에 서면 얼굴이 경직되거나 빨개진다.

부분적인 낯가림을 하는 만 3세 유아를 둔 어머니로부터 이런 말을 들었다.

가족끼리 있을 때에는 괜찮은데, 친척 특히 할아버지 할머니 앞에서 낯가림이 심해요. 오랜만에 뵙는 할아버지 할머니에게 애교도 좀 부리고 하면 좋겠는데 가까이 가려고도 하지 않고 뒤로 숨는 성격 때문에 걱정이에요.

가족과 있을 때는 그런대로 활발한데 밖에서는 입을 꼭 다물고 의사 표현에 소극적인 아이들이 많다. 성장하면서 개선되는 아이들도 있지만 적절한 교육을 받지 못한 경우 제대로 된 성장과 발전을 기대하기 어렵다.

천성적으로 수줍음이 많아서 인사를 잘하지 못하는 아이들에게는 어른을 만나는 것이 반갑기보다는 무서울 수 있다. 무서운 사람에게 어떻게 반갑게 인사를 하겠는가! 그런데 어떤 부모들은 아이가 낯가림이 심하거나 수줍은 성격 때문에 인사를 하지 않는다고 생각하지 않고 예의가 없다고 생각한다. 그래서 아이에게 억지로 인사를 하게 만드는데 강제적으로 인사를 시키면 아이는 더욱 더 수줍어하고 낯을 가리게 된다.

낯가림이 심한 아이를 둔 부모의 가장 큰 고민거리는 친구들과의 관계다. 아이가 단기간에 밝고 적극적인 모습의 아이로 변하기를 바라는 과도한 기대는 부모와 아이에게 모두 좋지 않다. 한창 성장기의 아이에게 조급한 마음으로 강제적인 지도를 하게 되면 부작용만 생기게 마련이다.

한번 생각해 보라. 수줍음이 많은 아이를 억지로 끌어내어 "저 친구처럼 해봐!" 하고 닦달한다면 어떻게 되겠는가. 아이는 주눅이 들어 그나마 노력해 보려던 용기마저 꺾이고 말 것이다.

어른도 처음 만나는 사람은 불편하고 불안한데 아이는 오죽하겠는가. 따라서 낯설어하는 대상에 대해 충분히 설명해줄 필요가 있다. 만나는 사람에 대해 충분히 설명하면 아이는 그 사람이 나쁜 사람이 아니라고 인식하게 된다. 그러면서 편안함 마음이 되는 것이다.

낯가림이 심한 아이의 가장 큰 문제점은 훗날의 인간관계, 즉 사회성이다. 주위 사람들은 앞으로 크면 달라질 것이라고, 걱정할 필요가 없다고 말한다. 그러나 아이의 낯가림이 심한 경우 그런 충고는 귀에 들어오지 않기 십상이다. '다른 아이들은 친구들과 잘만 어울리는데, 왜 우리 애만 그러지?' 하는 고민에 휩싸인다. 그러나 자세히 보면 정도의 차이지만 낯가림을 하지 않는 아이는 드물다.

낯가림이 심한 아이의 사회성을 키워주는 데 놀이를 활용해 보는 것도 좋다. 대부분의 아이는 놀이에 흥미를 느끼게 되는데 그런 아이의 모습에 친구들이 흥미를 보이고 다가오는 경우도 많다. 놀이에 집중하면 낯가림을 잊고 친구들과도 잘 어울리는 것이 또 아이들의 특성이다. 놀이를 시작으로 아이들은 서서히 공감대를 형성한 후에 친구로서의 관계가 시작이 된다.

낯선 사람에 대한 아이의 경계심이 어느 정도 줄어든 후에는 아이가 잘하는 것을 자주 하게 하며 특기나 장기를 하나 갖게 하는 것이 좋다. 노래를 잘한다거나, 달리기를 잘한다거나, 블록 쌓기를 잘하는 등의 장기를 가진 아이는 자기도 모르는 새 자신감이 늘어서 낯가림이나 수줍음을 극복하는 데 어느 정도 도움이 된다.

할머니 할아버지에게도 잘 다가가지 않는, 앞에서 소개한 만 3세 유아의 경우 지속적으로 아이를 지켜본바 아이가 가장 자신 있어 하는 놀이는 퍼즐이었다. 아이는 퍼즐 조각만 있으면 척척 맞추어 내고 시간 가는 줄 모른 채 퍼즐의 재미에 푹 빠져 있었다. 아이가 퍼즐을 척척 맞추어 나가자 옆에서 끙끙대며 퍼즐을 맞추던 아이들이 이 아이를 주목하기 시작했다. 아이들은 자연스럽게 도움을 주고받으며 이야기를 나누었다.

이때를 시작으로 아이는 눈에 띄게 변했다. 낯가림이 심했던 아이 맞나 싶을 정도로 친구들과의 관계가 좋아졌다.

　내 아이의 어떤 면을 단점으로 단정짓고 그것을 고쳐주겠다고 다가가면 아이는 자꾸만 더 멀리 달아난다. 낯가림도 마찬가지이다. 다소 과하고 부족한 부분이 있더라도 이 세상을 살아가는 수많은 사람 중 한 명의 특성으로 바라보는 담백한 시선이 필요할 때가 있다. 아이의 타고난 기질을 인정하고 긍정적으로 바라보며 조금씩 변화할 수 있도록 지혜롭게 돕는 것이 부모가 할 수 있는 최선이 아닐까?

03 친구 사귀기 힘들어해요 ...

초등학교에 다니는 아이를 둔 어머니로부터 이런 메일을 받았다.

초등학교 1학년 아이를 둔 주부입니다. 아이가 친구들과 어울리기를 싫어하고 혼자 있는 것을 너무 좋아해서 걱정입니다. 어릴 때 혼자 책읽기를 좋아하기는 했지만 학교에 들어가서도 친구들과 어울리기보다 혼자 있기를 좋아하니 걱정입니다.

담임선생님께 여쭤어 보니 학교에서도 조용히 책보기를 즐기며 별 탈 없이 지낸다고 합니다. 공부는 잘하는 편이라 그나마 다행이지만, 친구들과 잘 어울리며 둥글둥글하게 자라주었으면 하는 바람을 가지고 있어요. 아이가 친구들과 잘 어울리려면 어떻게 해야 할까요?

아이가 친구 사귀기를 힘들어하거나 친구들과 잘 어울리지 못하면 부모로서는 여간 걱정이 아니다. 사교성이 부족한 아이의 모습을 보며 훗날 아이가 커서도 지금과 같은 모습이지 않을까, 하는 염려로 이어지게 된다.

혼자 있기를 좋아하거나 친구를 잘 사귀지 못하는 아이들은 의외로 많다. 수줍음이 많거나, 자기중심적이거나, 피해의식을 가지고 있거나, 공격적인 성향이 강해서 등 원인은 여러 가지이다.

지나친 수줍음은 낯선 환경에 적응하지 못해서일 수도 있고 기질의 문제일 수도 있다. 자기중심적인 아이는 특히 외동딸, 외동아들의 특성인데 부모가 너무 애지중지하며 키웠거나 자기중심적인 부모의 모습을 아이가 닮았을 수도 있다.

다섯 살 여자아이를 둔 엄마입니다. 아이가 겁이 많고 소극적이며 혼자 노는 시간이 많습니다. 새로운 환경에 잘 적응하지 못하고 친구를 사귀는 것도 어려워합니다. 친구랑 같이 놀 것을 권해도 아랑곳하지 않고 혼자 놉니다. 사실은 심심한데도 말이죠. 사촌이랑 가끔 어울리는데 그땐 잘 놀아요. 아무튼 제가 보기엔 친구를 어떻게 사귀는지 방법도 모르고, 두려움이 많습니다. 단순히 낯을 가려서 그런 건지는 모르겠지만 걱정이 됩니다.

아이들은 성향과 성격이 제각각이다. 따라서 부모에게 아이를 맞추려고 하기보다 아이의 성격을 있는 그대로 인정해 주어야 한다. 친구를 쉽게 사귈 수 있는 아이가 있는가 하면 어려워하는 아이도 있다. 아이가 친구들과 쉽게 어울리고 붙임성 있게 행동하기를 바라는 건 부모로서의 당연한 기대사항이지만 그렇지 못한 경우라도 너무 실망할 필요는 없다.

친구들과 쉽게 어울리지 못하는 아이들 중에서도 방에서 조용히 책을 읽거나 그림을 그리면서 보내는 시간을 즐기는 친구들도 많다. 정서적인 안정감이나 집중력이 없고서는 혼자서 하는 공부나 놀이를 즐기기 어려우므로 이런 경우는 너무 걱정하지 말고 잘 살펴본다.

사람의 성격은 크게 외향형과 내향형으로 구분된다. 외향형의 성격을 가진 사람은 쉽게 사람을 사귀고 혼자 있기보다는 함께 어울리는 것을 좋아한다. 내향적인 사람은 혼자서 보내는 시간을 좋아하고 알차게 그 시간을 채울 줄 아는 편이다. 외향형이 친구가 많은 편이라면, 내향형은 몇 명의 친구를 깊이 사귀는 편이다. 따라서 아이의 성격에 부모의 시선으로 우열을 매기지 말고 있는 그대로를 인정하고, 믿고, 기다리는 것이 중요하다.

친구 없이 혼자 노는 아이에게 "너는 왜 친구도 없니?"라며 닦달하게 되면 아이에게 또 다른 스트레스를 주게 된다.

아이에게 친구를 만들어주기 위해서 부모가 발 벗고 나서는 것 역시 그리 바람직하지 않다. 아이는 사회 속에서 다른 사람과 어울리는 방법을 자연스럽게 스스로 터득해 나가는 것이 좋다.

아이에게 친구를 만들어주고 싶은 나머지 친구들을 집으로 데리고 오라고 해서 선물을 안기는 경우도 있다. 이런 친구 관계는 자연스럽지 못하다. 부모의 개입과 간섭은 최소한일수록 좋다. 아이의 성격을 있는 그대로 인정하고 스스로 친구를 사귈 때까지 기다려주는 인내가 필요하다.

친구를 데리고 왔을 경우 자연스럽게 어울려 놀도록 놓아둔다. 만약 아이가 친구들에게 예절에 어긋난 행동을 했을 때는 친구들이 돌아간 다음에 조용히 이야기하는 시간을 갖는 것이 좋다.

다음은 열 살짜리 딸아이를 둔 엄마의 사연이다.

저는 열 살짜리 외동딸을 키우는 엄마예요. 제가 좀 엄한 편이라 아이는 제게 주눅이 많이 들어있는 상태랍니다. 3학년인데도 1학년으로 보일 정도로 아이가 작고 왜소해요. 3학년이 되고 나서 새로운 반에 적응을 못해 운 적이 많아요. 그때 제가 아이를 따뜻하게 감싸안아 주었어야 하는데 그렇게 하지 못했어요. 짓궂게 구는 남학생들 때문에 화장실도 혼자 못 가고 했다는 걸 나중에 다른 엄마를 통해서 듣게 되었답니다. 어찌나 속상하던지! 고민이 있으면 언제든 이야기하라고 휴대폰도 사주고 관심을 기울였더니 학교 이야기도 가끔 해주고 많이 명랑해졌어요. 그런데 문제는 친구들과의 관계는 별로 진전이 없다는 거예요. 특히 자기 물건을 가져가는 친구를 보고도 아무 말도 못하니 어떻게 하면 좋을까요?

가장 좋은 방법은 먼저 부모 자신이 이웃이나 친구들과 적극적으로 어울리는 모습을 아이에게 보여주는 것이다. 또한 아이에게 친구를 만나고 사귈 수 있는 기회를 자연스럽게 만들어준다. 내 아이가 친구들을 어떻게 대하는지 살펴보고 문제가 눈에 띄면 조심스럽게 그 부분을 지도해 주는 것이 좋다.

이때 중요한 것은 아이를 바라보는 부모의 시선이다. 긴장을 감추지 못하고 의심에 가득 찬 눈빛으로 아이의 일거수일투족을 좇으면 아이는 덩달아 긴장하게 되고 자연스럽게 친구와 어울릴 수 없다. 그리고 친구와 어울리는 모습에서 작은 문제를 크게 확대하여 아이를 질책하면 아이는 부모에게도 마음을 열 수 없고 자기 자신을 신뢰할 수도 없다. 문제는 믿음이다.

만일 친구들과 여러 명 같이 있어도 늘 따로 논다면 아이가 가장 좋아하는 친구 한 명만 초대해 단짝 경험을 유도하는 것도 좋다. 그리고 더불어 할 수 있는 과제나 취미활동 등을 통하여 친구들과 함께하는 즐거움을 느낄 수 있도록 지도한다.

04 친구와 자주 다투어요 •••

           아이의 친구관계는 서로를 선택한 두 사람간의 자발적인 관계이며, 동시에 개인적이고 친밀한 관계이다. 어린이집이나 유치원, 학교 친구들 중에도 아이들은 특별히 좋아하는 한두 명을 선택해 좀더 각별한 관계를 맺는다.

    아이가 자기중심의 세계에서 벗어나 타인을 이해하고 협력하면서 사회에 적응하기 위해서 또래 친구와의 관계는 필수적이다. 아이는 친구관계를 통해 여러 가지 사회적 기술을 습득하고 적응하며 성장해 나가기 때문이다. 또한 친구관계를 통해 사람은 저마다 생각과 관점이 다르다는 것을 인식하고 타인을 이해하게 된다.

    아이에게 있어 친구란, '의미 있는 타인'이다. 따라서 친구 관계는 단순히 놀이 상대로만 국한되는 것이 아니라 관심과 흥미, 애정을 함께 공유하며 유지해 나가는 독특한 애착관계이다. 그래서 아이들은 좋아하는 친구의 곁에 있고 싶고 함께 놀기를 원한다.

때로는 놀이가 친구들과 더 친해지기 위한 방편이 된다. 놀이를 통해 아이들은 자신의 생각을 전달하고 친구의 감정이나 생각, 요구를 수용하는 법을 배우게 된다. 그럼으로써 친구 관계는 더욱 깊어지고 확장되는데 이것이 나아가 인생 전반의 인간관계에까지 큰 영향을 미친다.

유난히 친구를 좋아하는 아이들이 있다. 이런 아이들은 대개 외향적인 성격으로 밝고 활발하지만 너무 감정적으로 흐르기 쉬운 요소도 있다. 선생님이나 친구들의 관심과 사랑을 독차지하려는 욕심 많은 아이도 있다. 너무 자기중심적인 성격의 아이에게는 먼저 상대방의 입장에서 생각하고 배려하는 성품을 가르쳐야 한다. 남을 배려하는 성품은 사회성을 기르는 데 매우 중요하다. 배려심을 키우기 위해서는 관심을 가지고 주의깊게 바라보는 시선을 기르는 게 기본이다. 상대와 입장을 바꾸어 보는 것도 좋은 방법이다. 예를 들어 아이에게 "네가 이러한 상황에 처했더라면 어땠을까?" "네가 그 아이의 입장이었다면 어땠을 것 같아?" 하고 물어보고, 아이가 그 상황과 상대의 입장, 기분을 충분히 이해할 수 있도록 지도하는 것이다.

좋은 친구 관계를 형성하기 위해선 서로의 감정을 공유할 수 있어야 한다. 소통이 기본인 것이다. 아이들은 사고와 정서를 비롯한 모든 것들이 아직 미숙하기 때문에 꾸준한 지도와 가르침을 필요로 한다. 아이가 보다 즐겁게 친구들과 사귈 수 있도록 관심과 격려가 필요하다.

유치원에서 오랫동안 아이들을 지켜본 결과 한 가지 사실을 알 수 있었다. 아이들은 자신이 좋아하는 친구와 좋아하는 놀이를 함께할 때 가장 행복하다는 것을. 아이들은 친밀감의 표현방법도 제각각이다. 그 중에서도 친구가 좋아하는 것을 무조건 따라하는 경향이 많은데 이는 자연스러운 것이다. 아이들은 좋아하는 놀이를 친한 친구와 함께할 때 시간 가는 줄 모르고 집중한다. 놀이에서 얻는 즐거움과 친한 친구와 함께 하는 기쁨이 더해져 놀라운 집중력을 발휘한다.

친구와 즐겁게 놀던 아이가 자신이 가지고 놀던 장난감을 친구가 가져가려 한다며 친구를 때린 일이 있었다. 아이의 어머니가 놀라서 달려왔다.

아이들은 사이좋게 놀다가도 갑자기 별것 아닌 일로 다투거나 친구를 때리는 일이 종종 있다. 싸우고 화해하는 과정 또한 사회화의 한 단계이지만 이때 올바른 지도를 받지 못하면 앞으로도 같은 일이 되풀이될 수 있으므로 적절한 교육이 필요하다.

특히 이유 없는 괴롭힘이나 놀림, 친구를 때리는 행동은 그때그때 바로 지도해서 나쁜 습관으로 자리잡지 않도록 각별히 유의한다. 아이들은 친구를 때리는 행동이 올바르지 못하다는 것을 알고 있다. 그럼에도 친구를 때리는 것은 갈등을 어떻게 해결해야 하는지 또 화를 어떻게 해소해야 하는지 방법을 모르기 때문이다. 가장 중요한 건 아이가 자신의 행동에 대해 객관적으로 바라보고 자신이 왜 그렇게 행동을 했는지 생각해보도록 하는 것이다.

"지금과 같은 행동을 하면 친구가 좋아할까?"
"지금의 행동보다 더 나은 행동을 할 순 없을까?"
"똑같은 일이 또 일어난다면 어떻게 할까?"

이런 질문을 통해 자신의 행동을 반성하고 되돌아볼 수 있는 시간은 반드시 필요하다.

아이가 친구들과 자주 다투어서 걱정하는 부모도 많은데 크게 걱정할 필요는 없다. 다툼이 있다는 것은 그만큼 관심과 의욕이 있다는 반증이고 적극적으로 자신의 의견을 나타낸다는 점에서는 장점으로 발전할 수도 있는 것이다.

아이들은 갈등 상황을 통해 이미 알고 있던 정보와 새로운 정보를 조율하고 해결책을 찾기도 한다. 갈등 상황은 결과적으로 아이에게 문제에 대한 해결책을 찾게 하는 유익한 경험으로 작용할 수 있다.

아이가 친구들과 다투지 않고 사이좋게 지내기 위해서는 이해와 양보는 필수적이다. 가정 내에서 부모가 먼저 서로 이해하고 배려하는 모습을 보여주는 것만큼 아이에게 산교육은 없을 것이다. 부모와 자식간의 관계에서도 마찬가지이다.

친구가 없거나 잘 어울리지 못하는 아이에게 가장 필요한 것은 이해심과 함께 적극성이다. 함께 놀고 싶은 친구에게 먼저 다가가 손을 내미는 적극성도 훈련을 통해 후천적으로 획득할 수 있다. 그 전에 가장 중요한 것은 아이의 자존감과 자신감이다. 자존감이 없으면 친구를 사귀기도 어렵고 좋은 관계를 유지하기도 어렵다. 평소에 아이를 많이 칭찬해주고 격려해주어 자존감을 높여주자.

부모의 사랑과 믿음이 우리 아이의 자신감의 원천이다. 부모가 행복하면 아이에게도 그 행복이 전달된다.

자신감이 있는 아이는 친구를 사귀는 데도 스스럼이 없다. 먼저 다가가 손 내밀 줄 알고 다가오는 친구를 포용할 줄 안다. 행복한 아이 주변에 친구들이 들끓고 그 밝은 에너지가 전달된다. 혹시 갈등과 다툼이 생기더라도 스스로 해결하고 화해할 줄 아는 아이로 키우는 것은 모든 부모의 바람이 아닐까.

05 산만해서 꾸중을 자주 들어요...

이 세상의 부모들은 자식에게 바라는 것이 많다. 리더십과 창의성도 갖추었으면 좋겠고, 공부도 잘하고 친구들에게도 인기가 많기를 바란다. 더군다나 요즘은 대부분 자녀도 한두 명에 불과하다 보니 모두 금쪽같은 내 새끼들이다.

얼마 전 뉴스에서 초등학생 다섯 명 가운데 한 명꼴로 '주의력결핍과잉행동장애(ADHD)' 증상을 보인다는 충격적인 결과가 보도되었다. 이는 아동기에 많이 나타나는 증상으로, 주의력이 부족하여 산만하기 짝이 없고 과한 행동과 충동적인 행동을 서슴지 않는다는 특징을 지닌다. 이러한 증상들을 제때 치료하지 않고 방치할 경우 발생되는 문제는 한두 가지가 아니다. 가정생활, 학교생활 모두 용이치 않고 나중에 어른이 되어서도 휴유증을 앓게 된다.

주의력결핍 과잉행동장애는 왜 나타나며 증가일로인 건 왜일까? 현대의학으로도 그 원인은 제대로 규명하지 못하고 있는데 다만 정서박탈 같은 심리사회적인 요인도 영향을 미치는 것으로 알려져 있다. 물론 아이가 그냥 산만한 것과 ADHD 같은 병리적인 증상은 다르다.

집에서는 마냥 귀엽고 사랑스러운 아이가 어린이집이나 유치원에 갔을 때 교사에게 산만하다는 지적을 듣는 경우가 있다. 혹시 내 아이가 ADHD가 아닌지 부모라면 걱정이 되는 것도 당연하다.

다음은 매일같이 산만하다는 꾸중을 듣는 아이 엄마의 상담 내용이다.

우리 아이가 분주하고 뛰어다니는 것을 좋아해서 한자리에 오래 앉아 있지 못합니다. 외아들에 착하고 마음이 여린 아이예요. 요즘에는 다들 조기조육을 하니까 집에서 공부를 시키는데 한글도 그렇고 영어도 그렇고 공부라면 무조건 싫어해요. 집에서는 텔레비전을 보거나 블록놀이를 주로 하는데 왔다갔다하고 진득하게 앉아 있진 못해요. 그러니 우리 아이가 수업시간에 제대로 수업을 듣는지 걱정이 되네요. 저는 차라리 놀이 위주의 수업을 해주었으면 좋겠어요. 놀이와 수업을 병행하면 아이가 조금은 집중하지 않을까요?

아이의 엄마는 혹시나 자신의 아이가 ADHD가 아닐까 염려했다. 그러나 직접 아이를 관찰해본 결과 ADHD는 아니었다. 이런 경우 어떻게 해야 아이의 집중력을 높여 줄 수 있을까?

먼저 ADHD에 대해 살펴볼 필요가 있다. ADHD는 크게 산만하기만 한 유형과 충동성과 산만함을 함께 보이는 유형으로 구분된다. 정상인 아이들도 ADHD로 잘못 진단되는 경우가 많은만큼 아이의 평소 생활 습관을 주의 깊게 살펴볼 필요가 있다.

부모로부터의 유전, 출산 때의 뇌손상 등도 주요 원인 중의 하나로 추정된다. 부모의 음주와 흡연 유무도 관련이 있으며 가정의 분위기도 한몫한다. 부부 불화, 지나친 조기교육으로 인한 스트레스, 부모의 엄격하고 평가적인 태도, 가족 내 소외감, 일관성 없는 양육태도도 문제가 될 수 있다.

아이가 산만하다는 지적을 자주 받는다면 부모는 먼저 내 아이가 어떤 유형인지 파악해 볼 필요가 있다.

상대의 말을 주의깊게 듣지 않거나 공부나 숙제같이 꽤 오랜 시간 강제적으로 해야 하는 일을 싫어하고 외부의 자극에 쉽게 산만해진다면 ADHD가 아니고 산만한 유형이라고 볼 수 있다. 조용히 있으라는 지시에도 불구하고 손발을 가만히 두지 못하고 움직인다거나 잠시도 가만 있지 못하고 여기저기 옮겨 다니는 아이라면 좀더 유심히 살펴볼 필요가 있다.

산만하다고 해서 모두가 ADHD는 아니다. ADHD가 의심된다면 전문기관을 방문해 정확한 심리평가를 받아보는 것이 좋다. ADHD 판정을 받는다고 해도 절망할 건 없다. 장애로 보기보다는 조금 늦되다고 생각하고 전문가의 지도에 따라 적절한 교육을 해나가면 개선된다.

산만하고 집중력이 떨어지는 아이 중에는 기초가 부족해 교과 내용을 잘 이해하지 못해 점점 악순환에 놓이는 경우도 종종 있다. 꾸준한 독서로 어휘력을 높여주고 오감을 자극하는 체험을 많이 시켜주면 도움이 된다.

정서적인 불안이나 우울과 스트레스가 원인이 되기도 한다. 과도한 학습량, 부모의 지나친 기대, 잦은 질책과 폭력은 아이의 집중력을 떨어뜨리는 주범이다. 따라서 심리적인 원인과 환경적인 원인을 살펴볼 필요가 있다.

집중력이 부족하면 학습수행 능력이 떨어지는 것은 필연이다. 집중력이 높으면 짧은 시간에도 효과적인 학습이 이루어진다. 이는 성적과 학교 생활에 큰 영향을 미친다. 실제 성적이 높은 아이들을 살펴보면 지능보다 집중력이 뛰어나다는 것을 알 수 있다.

집중력 교육을 시작하기에 가장 좋은 시기는 5~7세 때이다. 아직 어리다는 이유로 산만하고 집중력이 많이 떨어지는 아이를 괜찮아지겠지 하고 방치하면 학교에 들어갔을 때 큰 곤란을 겪게 된다. 부모와 선생님이 협력하여 적절한 지도가 이루어질 때 아이의 집중력은 향상된다.

아이가 산만한 원인은 기질적인 것이라기보다는 부모의 관심이 부족하여 아이에게 필요한 적절한 교육을 해주지 않았기 때문일 수도 있다. 아이의 집중력은 성장과 변화를 이끄는 세 가지 축이라고 할 수 있는 인지·정서·행동으로부터 영향을 받는다. 머리와 몸과 마음 모두 건강해야 집중력이 발달할 수 있다는 말이다. 좀더 자세히 설명하면 정보처리 능력, 자기통제력, 주의력이라고 하며 이 세 가지가 집중력 발달의 핵심 요소라고 할 수 있다.

아이가 좋아하고 잘하는 것을 할 수 있도록 기회를 제공하고 충분히 즐길 수 있도록 해준다. 예를 들어 공놀이를 좋아하는 아이는 공놀이를 할 때, 만화책을 좋아하는 아이는 만화책을 읽을 때 몰입도와 즐거움이 최고다. 어떤 특정한 것을 좋아한다는 것은 호기심과 흥미를 가지고 있다는 뜻이다. 그리고 이런 호기심과 흥미가 자연스럽게 몰입, 집중력 향상으로 이어지는 것이다.

활동적인 아이는 충분히 에너지를 발산할 수 있도록 신체 활동량이 많은 운동을 하게 한다. 오감을 이용하는 요리나 미술 등의 놀이나 학습도 집중력 향상에 도움이 된다. 공부든 놀이든 또한 진득하니 한곳에서 해보는 것도 중요하다. 특히 한 가지 생각밖에 할 줄 모르는 융통성이 부족한 아이에게는 다양한 사고를 할 수 있도록 집중 지도한다.

유치원이나 어린이집에서 개별적인 일대일 지도가 어렵다면 그룹별 진행도 도움이 된다. 자연스럽게 자발적으로 행동의 영역을 넓히되 너무 결과물로만 평가해선 안 된다.

산만하고 집중력이 낮은 아이에게는 꾸준한 독서가 도움이 된다. 아이가 아직 글을 읽지 못한다면 부모가 대신 읽어주자. 그리고 아이의 이야기를 관심 있게 들어주는 것이다. 아이가 하는 말의 내용보다는 말하는 아이의 생각과 느낌에 초점을 맞춘다. 눈을 쳐다보며 말하고, 말을 계속할 수 있도록 추임새를 넣어 아이가 편안한 마음으로 이야기를 하도록 해준다. 아이의 이야기가 끝나면 육하원칙 중 빠진 부분에 대해 부모가 질문해보는 것도 좋다. 물음에 대한 답을 생각해내는 과정에서 몰입도가 올라간다.

집안을 차분하고 조용하게 분위기를 바꾸는 것도 도움이 된다. 집안이 어질러져 있거나 늘 시끄럽다면 ADHD가 아닌 아이도 산만해지기 십상이다.

마지막으로 식사 시간이나 텔레비전 시청 시간 등을 정해 규칙적인 생활 습관을 들이도록 노력한다.

집중력을 높여주는 식품에 대해 알아두면 좋다. 등 푸른 생선과 멸치, 브로콜리가 집중력을 높이는 데 도움이 되는 대표적인 식품이다.

등 푸른 생선에는 불포화지방산인 DHA가 다량 함유되어 있다. DHA는 신경세포의 주요성분으로서 뇌의 정보전달 체계에 영향을 주는 성분도 함께 들어 있어 어린이들에게 꼭 필요한 영양소이다. 또한 멸치에 많은 칼슘은 스트레스에서 오는 온몸의 피로, 정서적 불안을 개선시키는 데 도움이 된다. 브로콜리는 모양도 사람의 뇌를 닮았는데 비타민 C가 다량 함유되어 있다. 비타민 C는 DHA가 산화되어 다른 물질로 변화되지 않도록 방지해주는 역할을 한다.

이외에 집중력과 두뇌발달에 도움이 되는 음식은 고기, 우유에 많은 양질의 단백질 또 비타민 C와 E가 많은 과일, 채소류 등이다. 그러나 몸에 좋다고 하여 어느 한쪽의 편향된 섭취보다는 균형적인 영양섭취가 중요하다.

초등학교 2학년 자녀를 둔 한 어머니가 메일을 보내왔다. 학교 선생님이 너무 엄해서 아이가 무섭다고 학교에 가기 싫어한다는 것이다.

우리 아이가 유치원은 별 무리 없이 잘 다녔는데 초등학생이 되고 나서 선생님이 너무 무섭다면서 학교에 가기 싫어합니다. 시간이 지나면 괜찮아진다고 아무리 달래도 막무가내로 반을 바꾸어 달라고 고집을 부리는데, 어떻게 해야 할지 모르겠습니다.

초등학생이 되고 나서 학교 가기 싫다고 떼를 쓰는 아이들이 있다. 학교 가기 싫은 이유를 물어보면 다양한 이유들 가운데 '선생님이 무서워서'라는 대답도 꼭 끼어있다. 진짜 무서운 선생님도 있겠지만 반을 제대로 통솔하려고 엄하게 아이들을 대하는 선생님들도 아이들의 눈에는 낯설고 무섭게 보이는 것이다.

그러나 학교에 가지 싫은 이유가 '선생님이 무서워서'라면 선생님과 긴밀한 대화를 통해 이 문제를 개선할 수 있다. 그런데 실제로 선생님의 지도방법이나 태도에 문제가 있는 경우도 있다. 아무 잘못도 없는데 선생님에게 야단을 맞거나 무시를 당하는 경우 아이의 마음속 앙금은 오래 간다. 그렇다고 아이를 무조건 두둔하는 것만이 능사는 아니다. 아이 앞에서 선생님을 비난하면 가치관의 혼란을 초래할 수도 있고 아이가 선생님을 더 미워하고 싫어할 수도 있다.

아이의 잘못이 아니라면, "네 잘못이 아니야. 선생님이 오해를 하신 것 같구나. 학생들이 워낙 많으니 선생님도 더러 실수를 한단다."라는 말로 아이의 마음을 헤아리고 보듬어주는 것이 중요하다.

초등학교 3학년생 딸아이의 엄마입니다. 어느 날부터인가 딸아이가 학교 가기를 꺼려해서 이유를 물어보니 선생님이 무섭다고 합니다. 며칠 전 급식시간에 먹기 싫은 음식이 나왔나 봅니다. 그런데 선생님이 음식을 남기지 말고 모두 먹으라고 했다는군요. 선생님의 눈치를 보다가 몰래 버렸는데 그만 그 장면을 선생님께 들키고 말았습니다. 방과후에 혼자 남겨서 청소를 시키고, 수업시간에 아무 이유 없이 불러 교탁 옆에 꿇어앉히고, 어제는 딸아이가 쉬는 시간에 친구들과 떠들고 노는데 선생님이 난데없이 "넌 벌점 5점이야!" 이렇게 말씀하셨답니다. 그래서 딸아이가 "다른 반은 벌점 같은 게 없는데 왜 우리 반만 벌점이 있어요?" 했답니다. 방과후 선생님은 딸아이에게 "보기도 싫으니 얼른 가버려!"라고 말했다는군요. 아이가 집에 와서 어찌나 서럽게 우는지, 선생님이 무서워서 학교 가기 싫다고 하는데 어떡하면 좋을까요.

부모의 입장에서 아이가 학교 선생님과 무슨 문제가 있으면 친구들과 마찰이 있는 것만큼이나 아니, 그 이상으로 신경쓰이고 속이 상할 것이다. 선생님께 화도 나고 서운한 마음도 생길 것이다.

아이가 선생님을 무서워할 경우 부모의 역할이 중요하다. 아이와 함께 선생님의 흉을 본다거나 아이 앞에서 선생님에 대해 부정적인 표현을 하는 것은 아무런 도움이 되지 않는다. 아이는 선생님을 더욱 무서워하고 싫어하게 될 것이기 때문이다.

그렇다고 해서 선생님 편만 들라는 건 아니다. 아이가 무서워하는 마음을 이해해주고 혹시 오해는 없었는지, 아이가 반성하고 사과해야 할 부분은 없는지 살펴본다.

시간이 지나도 나아지지 않는다면 선생님과 상의한다. 이때 선생님을 감정적으로 대하는 것은 금물이다. 전반이나 전학은 더이상의 방법이 없을 때 마지막으로 꺼낼 수 있는 카드이다. 그리고 사실 반이나 학교를 옮긴다고 해서 해결되는 문제가 아니다. 아이와 선생님과 많은 대화를 통해 해결책을 끝까지 모색해 본다.

아이의 학교생활에 대한 선생님의 평가는 특별한 경우를 빼고는 가장 객관적이고 공정할 것이라는 믿음을 가지고 선생님과 함께 대화를 나눌 때 혹시 선생님이 아이에 대해 제대로 이해하고 있지 못하다는 생각이 들면 조심스럽게 아이의 성격과 기질에 대해 알릴 필요가 있다.

부모들이 자기 아이를 아끼고 사랑하듯이 선생님들도 학생들이 즐겁게 학교생활 하기를 바라는 점은 똑같다. 상대의 입장을 이해하고 열린 마음으로 대화를 나누다 보면 아이와 선생님 사이에 있었던 오해와 갈등이 풀릴 것이다.

많은 아이들을 지도하는 선생님의 입장을 먼저 이해하고 대화의 테이

블에 앉으면 보다 솔직하고 허심탄회한 이야기를 나눌 수 있다. 문제의 해결책은 대화에서 나온다.

선생님과 부모님과 함께 마음을 열고 이야기를 나눠 오해와 갈등이 대화로 잘 풀린 경험 또한 아이에게는 소중한 자산이 되지 않을까.

07 질서와 규칙을 잘 지키지 않아요 • • •

세상에서 가장 큰 환상 중 하나가 자기 자식에 대한 환상이다. 부모는 아이가 자라서 학교에 가면 질서와 규칙을 당연히 잘 지킬 거라고 생각한다. 왜냐하면 집에서 나름대로 그 부분에 신경을 써서 교육했다고 생각하기 때문이다. 그런데 어느 날 선생님으로부터 아이가 너무 제멋대로라는 지적을 받게 되면 당황하게 된다.

과거와 달리 한두 명의 자녀만 있는 요즘 가정에서는 아이의 행동을 규제하지 않고 지나치게 관대하게 대한다. 아이들은 자신의 잘못된 행동이 타인에게 피해를 준다는 사실조차 자각하지 못하는 경우가 많다. 이는 잘못된 습관이나 행동으로 이어지게 되고, 학교에서 질서와 규칙을 잘 지키지 못해 문제가 발생한다.

아이가 어릴수록 부모의 영향력은 지대하다. 특히 학령 전 아동이 어린이집이나 유치원에 다닐 무렵, 이때 예의범절과 질서의식을 잘 배워야 학교에 가서도 혼란이 없다. 계획을 세우고 그것을 지키는 것부터 시작해 공중도덕을 지키는 것과 단체생활에서 규칙을 따르는 것으로 교육 내용을 점점 확대해 나간다.

학기 초에 한 어머니와 면담을 하게 되었다.

아들 둘 중 큰아이는 다섯 살입니다. 외출하면 엄마 손을 뿌리치고 마음대로 막 돌아다녀요. 백화점에서는 아이를 잃을 뻔한 일도 있습니다.

어린이집 선생님들 말씀이 우리 아이가 규칙이나 질서를 지키지 않는다고 합니다. 친구들과 어울리는 것보다는 혼자 놀기를 좋아하고, 관심 없는 일에는 아예 참여조차 않는답니다. 수업시간에도 혼자 소파에서 뒹굴며 놀고 자기가 탈 차량이 아닌데 타려고 하질 않나, 그것을 말리면 울고 짜증을 내고 막무가내라고 합니다.

아이에 대해 조금 더 알고 싶어 질문을 던졌다.

"집에서는 어떻게 지내나요? 그리고 새로운 곳에 가면 보통 어떤 반응을 보이나요?"

"집에서는 별 문제가 없는데 새로운 곳에 가면 궁금증이 많은지 여기저기 막 돌아다니는 편이에요."

어머니는 아이가 유치원에서는 어떤지 물어왔다.

나는 솔직하게 대답했다. 줄을 서서 차례를 기다려야 할 경우 아이는 번번이 대열을 이탈하고 신발도 신지 않고 놀이터로 뛰어 나간다고.

"어떻게 하면 좋을까요?" 한숨을 쉬며 묻는 어머니에게 너무 걱정하지 말고 아이를 조금 더 지켜보자고 말씀드렸다.

아이 앞에서 질서를 잘 지키는 친구들을 칭찬해주기도 하고, 여러 차례 반복해서 줄서기를 훈련시켰다. 그리 긴 시간이 지나지 않아 아이는 혼자서 돌아다니는 일도 눈에 띄게 줄어들고 줄을 서서 차례를 기다리는 일도 익숙해졌다.

얼마 전 유치원에 새로운 친구가 왔는데 아이는 처음에 낯을 가리며 친구들과도 서먹하게 지냈다. 한 달쯤 지났을까, 친구들과도 친하게 지내고 궁금한 것은 선생님께 꼭 질문할 정도로 적극적인 모습을 보였다. 그리고 집에 갈 때 꼭 "선생님, 안녕히 계세요!" 하며 인사하는 것을 잊지 않았다.

흥미로운 점은 이 아이 역시 처음에는 질서와 규칙을 잘 지키지 않았다는 것이다. 그런데 앞의 아이와 마찬가지로 열쇠는 칭찬이었다.

평소에 줄을 잘 서고 차례를 잘 지키는 친구를 큰 소리로 칭찬한 뒤 슬쩍 보았더니 "선생님 저도 줄섰어요!" 하고 칭찬을 기대하는 눈빛으로 두 녀석이 바라보고 있는 것이 아닌가! 친구들 앞에서 아이들을 큰 소리로 칭찬해주었다. 그 후로도 계속 그런 훈련을 반복했고, 두 녀석은 지금 누구보다 질서와 규칙을 잘 지키고 있다.

아이에게 공공장소에서 떠들면 안 된다는 것을 알려주고 문을 열고 나갈 때 뒷사람이 다치지 않도록 잠시 문을 잡아주어야 한다고 가르치면 아이들은 그대로 따라한다.

다른 사람이 질서와 규칙을 잘 지키는 모습을 보면 아이가 들을 수 있도록 감탄하고 칭찬해주는 것이 좋다. "와! 저 사람은 질서를 잘 지키는 멋진 사람이구나!"라고 칭찬하게 되면 그것이 좋은 행동인 줄 알고 아이는 곧잘 따라하게 된다.

평소에 제대로 가르치지도 않았으면서 아이가 질서와 규칙을 지키지 않을 때 언성을 높이며 야단치는 부모가 있다. 이런 행동은 아무런 도움이 되지 않고 역효과만 불러일으키게 된다. 야단치는 대신 귓속말로 그것이 잘못된 행동임을 가르쳐주자. 다정한 어조만큼 아이들이 좋아하는 것도 없다. 이때 그 아이만 들을 수 있도록 하는 것이 포인트다. 만일 다른 친구들이 듣게 되면 그 아이는 자존심이 상하게 된다. 아이나 어른이나 자존심을 다치게 되면 자신의 잘못을 인정하는 대신 화를 내고 괜한 고집을 부린다는 사실을 명심하자.

만일 내 아이가 질서와 규칙을 잘 지키지 않는다면 아이를 나무라기 전에 자신의 모습부터 돌아봐야 한다. 부모는 아이의 거울이니까. 생활 속에서 질서와 규칙을 특별히 잘 지키는 사람을 보면 아이와 함께 그에 대한 이야기를 나누는 것도 좋은 방법이다. 아이들은 자신이 닮고 싶은 사람을 모방한다. 부모나 선생님이 관심을 가지고 칭찬하는 사람의 모습에서 자신의 미래의 모습을 보기도 한다.

08 말대꾸를 잘해요 · · ·

초등학교 3학년인 조카와 이야기를 나
누는데 자연스레 학교 이야기가 나왔다. 선생님이 아이들을 자주 혼내
는지, 그럴 때 아이들은 어떻게 행동하는지 물었다.

"우리 반 아이들은 30명 중에서 한 20명은 선생님이 야단칠 때 가만
있지 않고 말대꾸를 하는 것 같아요. 처음엔 안 그랬거든요."

초등학교 3학년에 벌써 선생님께 말대꾸라니, 또 그런 아이가 3분의
2나 된다니 놀라웠다. 예전이라면 상상도 할 수 없는 이야기다.

사람은 태어나는 순간부터 죽을 때까지 무엇인가를 배운다. 본인의
의사와 상관없이 배우는 것도 있다. 인생이란, 아이 어른 할 것 없이 보
고 느끼고 체험하고 배우는 과정이라고 할 수 있다. 특히 2세에서 6세까
지 언어의 발달과정은 눈부실 정도다. 단어 중심으로 간단한 말을 하는
것은 1~1.5세경이며, 유아기가 끝날 무렵에는 약 2,000개의 어휘를 익

히게 되어 일상회화에 불편함이 없을 정도가 된다.

유아기는 해야 할 것과 하지 말아야 할 것을 간단한 것부터 배우는 시기이다. 아이가 놀라운 속도로 말을 배울 때 부모와의 대화 방법은 아주 중요한데, 부모들은 그저 아이가 말을 잘하는 것에만 관심을 가지느라 정작 중요한 대화법의 지도 시기를 놓치는 경우가 많다. 제일 중요한 것은 대화중에는 상대의 말을 끊지 말고 하고 싶은 말이 있어도 참고 끝까지 이야기를 들어주는 훈련이다. 선생님이 말할 때 반박하거나 대꾸하는 아이들을 살펴보면 이 시기에 상대의 말을 들어주는 훈련이 잘 되지 않았다는 사실을 알 수 있다.

유아기 때 아이들은 쉴 새 없이 종알거리다가 말문이 트이고, 자신의 생각을 드디어 말로 표현하게 된다. 시간이 지나면서 어휘력도 날로 향상된다.

아이가 이야기를 많이 하는 것은 언어발달을 위해서도 바람직하다. 아이는 말을 함으로써 자신의 생각을 적확하게 표현할 수 있는 언어 표현력을 기른다. 아이가 말을 많이 한다는 것은 그만큼 의욕이 있고 생활이 즐겁다는 걸 의미하기도 한다.

그런데 말을 할 때와 하지 말아야 할 때를 구분하지 못하는 아이들이 있다. 선생님이 말씀하시는 중간에 "선생님 그런데요…" 하고 말을 끊는가 하면, 자기 생각과 조금이라도 다르면 "어 아닌데!"라고 하며 선생님 말씀을 훼방놓는다. 이런 아이들의 특징은 아는 것이 많고 그것을 과시하고 싶은 성향이 강하다는 것이다. 자신이 아는 것을 자랑하고픈 마음, 알려주고 싶은 마음이야 이해 못할 바가 아니지만 단체생활에서의 예의나 질서와 관련이 있을 때는 적절한 통제가 필요하다.

초등학교 1학년 남자아이의 어머니가 메일을 보내왔다.

아이가 요즘 들어 부쩍 자기 주관이 강해졌습니다. 심지어 선생님의 말씀에 반박하거나 자신을 위한 충고나 조언도 삐딱하게 받아들여요. 예를 들어 선생님이 "그렇게 앉으면 의자에서 떨어질지도 몰라. 바로 앉아서 책을 읽지 않을래?"라고 주의를 줘도 아이는 그것을 자신을 위하는 말로 받아들이기보다 선생님이 자기를 귀찮게 한다고 생각해요.

예전에는 말을 잘 듣던 아이가 요즘에는 툭하면 대꾸하고 부모 말도 우습게 아네요. 어떻게 하면 좋을까요?

선생님이 말씀하시는데 아이가 자꾸 말대꾸를 하고 중간에 말을 끊으면 선생님 입장에서는 아이가 그리 사랑스럽게 보이지는 않을 것이다. 그렇게 되면 열의를 다해 설명해주고 싶다가도 건너뛰거나 대충 설명하게 된다.

선생님에게 대꾸하는 아이들을 보면 또래에 비해 언어발달이 빠른 편이다. 그래서 무의식 중에 다른 친구보다 자신이 우위에 있다는 생각을 가지고 있는지도 모른다. 친구들의 말을 중간에 자르던 버릇이 부모님이나 선생님께로 확대된 것이다.

우리나라 문화는 아직도 상하관계가 엄격한 편이라서 아이의 이런 습관이 도움이 되는 경우는 드물다. 물론 장점도 있다. 아이의 개성이 그만큼 확실하고 다른 사람의 눈치를 보지 않는 등 자유롭다는 것이다. 다양성을 인정하는 분위기에서는 그렇게 말할 수 있으나 중요한 것은 지나치지 않는 것이다. 따라서 아이들마다 가진 조금씩의 튀는 부분은 존중하되 너무 모가 날 경우 부모와 선생님의 노력으로 다듬어주는 것도 좋다.

우리 유치원에도 이런 사례는 흔하다. 친구의 말을 잘라먹고 번번이

가르치려고 드는 아이가 있어 이야기를 나눠보면 선생님이라고 예외가 아니다. 이럴 때는 야단을 치기보다 일 대 일로 마주 앉아 조근조근 설명해 주는 것이 효과적이다.

"신나게 이야기하고 있는데 누군가 갑자기 끼어들면 어떤 기분일까? 네가 어떤 친구와 얘기하고 있는데 그 친구나 또는 다른 친구가 갑자기 끼어들어 너의 말이 중단되는 거야. 그러면 기분이 어떨까? 생각만 해도 짜증나지? 상대방이 말을 하고 있을 때는 하고 싶은 말이 있어도 꾹 참고 기다려야 해. 선생님은 너의 좋은 점들이 조금 전과 같은 그런 작은 실수 때문에 가려지지 않았으면 해."

이처럼 친구의 말이나 선생님의 말씀을 자르고 아이가 끼어드는 그 순간을 놓치지 않고 바로 지도하는 것이 훨씬 효과적이다. 대부분의 아이들에게 약속이라는 개념은 꼭 지켜야 하는 중요한 것으로 박혀 있다. '약속을 꼭 지켜야 멋진 어린이가 될 수 있어!'라는 생각과 다르게 몸이 따로 움직이는 것이 문제인데 아무튼 약속이라는 개념을 적극 활용하는 것도 도움이 된다.

말대꾸가 심한 아이에게는 "누군가와 대화할 때도 약속이 있단다. 상대방이 말을 하고 있으면 내가 그 말을 끝까지 들어주는 것이 약속을 지키는 거야."라고 약속이라는 개념에 접근하여 이야기를 해보자. 꾸준히 반복하여 이야기해 주면 아이들이 조금씩 변화하는 것을 알 수 있다.

또래에 비해 호기심이 강한 아이들을 보면 대부분 적극적인 자세로 수업에 임한다. 그 중에서도 관심분야의 주제로 이야기를 나누면 다른 때보다 더 눈빛이 반짝거린다.

수업시간에 선생님이 한창 설명하고 있는데 아이가 끼어든다. 아무리 아이여도 중간에 수업이 중단되는 것과 아이들의 몰입을 방해한 것은 분명 문제가 된다. 선생님이 말씀 중에 아이가 자꾸 끼어든다면 수업에 방해가 될 뿐 아니라 선생님의 권위도 떨어지게 된다. 이를 계속 방치할 경우 수업의 질적 저하를 초래하게 되는 것이다.

수업시간에 자신의 생각이나 의견이 옳다고 고집을 부리는 아이가 있으면 야단치거나 무시하기보다는 책이나 인터넷에서 정보를 찾아 선생님의 말이 과학적으로 옳다는 걸 알려주는 것이 좋다. 이렇게 하면 선생님에 대한 신뢰도도 높일 수 있고 호기심도 키울 수 있다.

어렸을 때부터 다른 사람들과 조화를 이루는 법을 가르쳐야 한다. 그렇지 않을 경우 고학년이 되고 상급학교에 진학했을 때 아이는 겪지 않아도 좋을 여러 가지 어려움을 겪을 수도 있다.

그 자유로운 성향과 남다른 개성은 존중하되, 공동생활에서 분위기를 해치고 효율성을 깨뜨릴 정도라면 그 결과는 부메랑이 되어 자신에게 돌아오기 쉽다.

PART 2

엄마가 모르는 아이의 속마음

엄마, 제 마음 좀 알아주세요

아이에게는 아이만의 사정이 있다. 어른들이 모르는 그 속마음을 어른들은 '별것 아닌 것'으로 가볍게 생각하고 크게 관심을 기울이지 않는다. 아이들이 보이는 문제 행동은 어쩌면 어른에게 보내는 SOS 신호인지도 모른다. 자신감의 부족, 친구관계, 학업, 미래에 대한 불안 등은 어른들뿐만 아니라 우리 아이들에게도 꽁꽁 싸매어둔 상처 같은 것이 아닐까.

아이의 나쁜 점보다 좋은 점이나 평소 사랑스럽다고 느낀 점에 초
점을 맞춰 칭찬하고 격려해 주는 것이 바람직하다.

빨리 개선되지 않는 아이의 문제 행동에 집착하기보다 아이의 장
점을 생각하게 되면 마음에 여유가 생기게 된다. 그런 마음의 여유
는 아이에게 안정감을 주고 어른들이 미처 몰랐던 아이의 상처와 부
모와 아이 사이에 부족했던 것들을 채워갈 수 있다.

01 친구들과 놀기 싫어요...

　　준형이는 다섯 살이다. 혼자 노는 것을 좋아해서 유치원이나 놀이터에 가도 친구들과 어울리지 않고 혼자만의 놀이에 열중한다. 때로 아이들이 옆에 와서 말을 걸거나 장난을 쳐도 별다른 관심을 보이지 않는다. 이런 준형이를 바라보는 엄마의 마음은 타들어 간다.

　　요즘은 준형이처럼 혼자 있는 것을 좋아하는 아이들이 늘고 있다. 다음은 한 어머니로부터 받은 메일이다.

　　만 5세 된 남자아이입니다. 3월부터 유치원에 가기 시작했습니다. 유치원에 가기 전에는 엄마가 밖에 안 나가면 집에서 혼자 놀았습니다. 아파트 놀이터에 가더라도 다른 친구하고 놀기보다는 자기가 하고 싶은 놀이만 집중하면서 혼자 놀았습니다. 그런데 유치원에서도 친구들과 어울리지 않고 혼자 논다고 하니 걱정이 됩니다. 친구들하고 함께 놀면 더

재미있다고 얘기해 줘도 소용이 없습니다. 이럴 땐 어떻게 해야 하나요?

아이가 하나인 가정이 증가하면서 모든 생활이 아이 중심으로 돌아간다고 해도 과언이 아니다. 그러다 보니 아이는 유치원에 가지 않으면 다른 아이들과 어울릴 기회조차 별로 없다.

문제는 아이들이 유치원이나 학교에 갔을 때다. 친구관계가 중요한 단체생활에서 또래들과 어울리지 못하고 혼자 놀거나 혼자 있기를 여전히 좋아하는 것이다.

아이들은 친구들과의 관계를 통해서 인간관계의 기초를 배운다. 단체생활이나 친구들과의 관계를 통해 앞으로 살아나가는 데 필요한 사회성을 배우고 때로는 협동하고 경쟁하며 자아를 실현하고 정체성을 획득한다. 공동의 목표를 향해 친구들과 함께 달려나갈 때 느낄 수 있는 성취감도 있다.

그런데 친구들과 어울릴 줄 모르고 협동심을 배우지 못하고 계속 혼자 노는 것을 고집하면 중요한 것을 배우지 못하는 것은 차치하고라도 학교 생활과 앞으로의 사회생활이 힘들어진다.

친구들과 융화되지 못하는 탓에 생각의 폭이 좁아지고, 타인에 대한 이해심이 떨어진다. 이로 인해 자기중심적이고 폐쇄적인 성격으로 발전할 가능성이 높다. 또래들과의 경쟁과 협동을 통해 이뤄지는 학습동기 유발이나 추진력 같은 것도 기대하기 어렵다.

혼자서 놀기를 좋아하는 아이들은 크게 두 가지 유형으로 구분할 수 있다. 첫째는 '무관심 유형'으로 또래들에게 관심이 없는 아이들이다. 둘째는 '기술 부족 유형'으로 관심은 있는데 친구 사귀는 기술이 부족해서 혼자서 노는 것을 선택할 수밖에 없는 아이들이다.

그러므로 내 아이가 어느 유형에 해당하는가에 따라서 대처 방법이 달라진다.

🚲 무관심 유형의 아이

무관심 유형의 아이에게는 친구와 노는 즐거움을 느낄 수 있도록 기회를 제공하는 것이 좋다. 친구와 둘이서 놀기 싫어하면 엄마가 끼어서 함께 놀아준다. 엄마와 친한 친구의 자녀들이나 또래 사촌들과 자주 어울리게 하는 것도 좋다.

그러나 경우에 따라 친구들뿐 아니라 형제자매 혹은 자주 보는 가까운 지인의 아이들에게도 흥미를 보이지 않는 아이들도 있다. 이럴 땐 반드시 소아정신과 전문의에게 상담을 받아보는 것이 좋다.

🚲 기술 부족 유형의 아이

기술 부족 유형의 아이는 자기중심적으로 행동하거나 친구들이 싫어할 만한 말과 행동을 자주 보이므로 부모의 세심한 지도가 필요하다. 친구의 필요성이나 중요성에 대해 다룬 동화나 이야기들을 읽게 하거나 영화를 보여줌으로써 자연스럽게 친구라는 존재를 마음속에 받아들이도록 노력을 기울인다.

아이가 몹시 낯을 가린다면 나이가 비슷한 이웃집 아이들 혹은 낯이 익은 사촌들과 어울리게 한다. 어울릴 만한 이웃집 아이들이나 사촌이 없다면 놀이터에서 또래 아이들을 만나게 하는 것도 좋은 방법이다.

아이들이 모래놀이를 하고 있다면 엄마가 아이를 데리고 자연스럽게 끼어드는 것이다.

"자, 우리도 모래성을 한번 만들어 볼까? 삽이 있으면 좋을 것 같은데…."

그리곤 옆에 있는 아이들을 보면서 자연스럽게 말을 건넨다.

"그 삽 잠깐만 빌려줄래?"

아이들이 삽을 빌려주면 고맙다고 인사하고 지금 무엇을 만드는 중인지 물어본다. 그렇게 자연스럽게 대화를 이어가면서 아이가 함께 어울리도록 유도해 보자.

삽을 좀 빌려오라고 한다든지 하여 아이들에게 말을 걸 수 있는 기회를 만들어 주자. 만일 아이가 거부감을 나타내면 억지로 시키지 않는다. 강압적으로 말을 걸게 하는 건 도움이 되지 않는다.

아이가 놀이터의 아이들과 말도 하고 어울리는 것 같으면 엄마는 슬그머니 빠져나오면 된다. 그리고 아이가 어떻게 대화하는지, 어떤 식으로 놀이를 하는지 멀찌감치서 지켜보는 것도 좋다. 엄마가 옆에 없다는 것을 알고 불안해진 아이가 엄마가 있는 곳으로 쫓아오면 다시 아이를 데려가서 좀더 어울리게 하는 것이 좋다.

이런 과정이 처음에는 답답하고 지루하게 느껴질 수 있지만 그 사이에 아이는 중요한 것을 배우게 되는 것이다. 그리하여 차츰 엄마 없이도 혼자 아이들 대열에 합류할 수 있는 자신감을 가지게 된다. 아이가 다른 아이들과 잘 놀고 있다면 바로 그 자리에서 칭찬해 준다. 그리고 집에 돌아와서도 즐거운 그 기억을 상기시켜 준다. 아이는 모르는 친구들과 어울렸던 체험을 통하여 스스로 친구를 사귈수 있다는 자신감을 얻게 된다.

아이에게 친구관계는 매우 중요하다. 부모의 애정과는 별개로 친구들로부터 얻을 수 있는 유대감과 정서적인 만족도는 따로 있기 때문이다.

내 아이가 친구 사귀는 걸 귀찮아하고 혼자 있는 것을 좋아한다면 친구를 통해 얻을 수 있는 즐거움을 느낄 수 있도록 지도해 보자. 그 즐거움을 체험해 보지 못한 아이는 친구를 사귈 필요성을 느끼지 못하고 그렇게 계속 혼자 있으면 점점 고립되기 때문이다.

02 시험 때만 되면 무섭고 불안해요 · · ·

시험 때가 되면 신경질적이 되며 불안해하는 학생들이 많다. 시험을 잘못 치면 어떻게 하나 하는 불안감은 두통이나 복통 등으로 나타나기도 한다.

어느 날 자녀교육 특강이 끝난 후 한 어머니가 다가와 상담을 요청했다.

초등학생 아들을 둔 엄마입니다. 제 아이는 공부도 열심히 하고 성실합니다. 그런데 시험 때만 되면 불안해서 어쩔 줄 몰라합니다. 물론 공부로 인한 스트레스가 이만저만이 아닐 것이라는 건 저도 알고 있습니다. 그런데 시험기간이 다가오면 머리나 배가 아프다고 호소하거나 말을 못 붙일 정도로 날카로워집니다. 시험이 끝난 후에도 계속 시무룩하고 감정변화가 심합니다. 성적표가 나오기 전 안절부절못하는 건 말할 것도 없고요. 부모로서 어떻게 해주는 게 좋을까요?

어머니에게 나는 이렇게 조언했다.

"아이가 배나 머리가 아픈 증상을 호소하는 것은 시험과 성적에 대한 불안감으로 인한 신경성입니다. 성적과 공부에 대한 부담감이 아주 심한 경우네요. 아이에게 심리적인 안정과 자신감을 갖도록 해주는 것이 필요합니다. 혹시 부모님께서 학업성적에 대한 부담감을 안겨주는 행동이나 말씀을 하고 계시지 않는지 돌아볼 필요가 있습니다. 아이에게 목표를 확실히 세우고 최선을 다할 때 그 과정이 무엇보다 중요하며 결과에 너무 연연해하면 안된다고 말해 주세요. 성적이 중요한 것이 아니라 자신이 하고 싶은 일에 대한 열정이 있느냐 그리고 최선을 다했느냐가 중요하다는 것을 알도록 해 주세요."

아이의 성적에 대한 부모의 과도한 관심과 기대는 금물이다. 아이들은 시험을 잘못쳐서 부모님을 실망시킬까봐 그것이 두려운 것이다. 물론 부모와는 상관없이 스스로 학업에 과도한 기대와 의욕을 가진 친구들도 있다.

시험 당일에 꼭 배가 아프거나 어지럽거나 몸이 아파 시험을 못 보겠다고 하는 아이 때문에 고민입니다. 공부는 열심히 해서 성적은 좋은 편이나 이상하게 시험 때만 되면 몸이 아파 시험을 제대로 치르지 못하는 일이 종종 있습니다. 이런 경우 어떻게 해야 하나요?

시험이 다가오면 아이만 불안하고 초조한 것이 아니라 엄마도 덩달아 불안해진다. 아이와 마찬가지로 엄마에게도 견디기 힘든 시간이다. 어느 정도의 공부 욕심은 필요하지만 성적에 대한 과도한 기대와 집착은 버리는 것이 좋다. 평소에 아이에게 학벌이나 사회적인 지위보다는 자신이 하고 싶은 일을 하며 사는 삶, 남을 도와주고 봉사하는 삶이 얼마나 훌륭한지 깨닫게 해주는 것도 좋은 방법이다. 어릴 때부터 가치관을 바로세우면 흔들리지 않고 한눈팔지 않고 자신의 길을 똑바로 갈 수 있다. 주말에 가끔 아이가 직접 봉사를 체험할 수 있는 기회를 갖는 것은 어떨까?

최근 들어 많은 아이들이 시험 때만 되면 배가 아프고 머리가 아프다고 호소한다. 이런 아이들 곁에는 시험 성적이 좋지 않다고 심하게 야단치는 부모가 있을 확률이 높다. 성적이라는 결과만을 중시하다 보니 아이가 열심히 노력한 과정은 간과하는 것이다. 부모는 아이에게 자신도 모르게 성적에 대한 압박감을 주게 된다.

성적이 상위권에 속하는 아이들일수록 시험에 대한 극심한 스트레스로 정서적 불안 증세를 보이는 경우가 많다.

다음은 중학생 민수 어머니의 상담 내용이다.

중학생 아들이 게임에 빠져 부모 말도 안 듣고 이젠 학교에도 가지 않으려 합니다. 자기 방에 틀어박혀 문밖에 나오지도 않습니다. 시험 때만 되면 초조해하고 학교가 무섭다고 했는데 그 말을 귀담아 듣지 않았습니다. 그때 도와주지 않아서 이런 결과를 초래한 걸까요?

민수의 성적은 상위권이었다. 하지만 어머니는 만족하지 않고 더 좋은 성적을 받아오라고 아이를 다그쳤다. 어려서부터 아이의 의견은 무시하고 부모의 바람대로 아이를 통제시켜 왔다.

시험 결과만을 중시하는 부모의 자녀는 불안과 우울과 스트레스에 노출되기 쉽다. 따라서 아이의 입장에서 이해해 주고 격려하기는커녕 야단치고 잔소리만 늘어놓는다면 아이의 반항심은 점점 커가고 언젠가 폭발할 수밖에 없다. 민수가 바로 그런 경우다.

민수에게 진심으로 사과하고 잘못된 것들을 대화를 통해 풀지 않으면 아이의 닫힌 마음과 방문은 영원히 열리지 않을지도 모른다. 다행히 민수의 어머니는 나의 의견을 잘 수용해 아이에게 사과하고 갈등을 풀 수 있었다.

시험 때만 되면 아이가 초조해지고 불안한 것은 성적에 대한 강박관념 때문이다. 따라서 부모는 아이가 성적집착에서 벗어나도록 도와주어야 한다. 그럴 때 도리어 제 실력을 발휘할 수 있는 법이다.

아이가 자신의 꿈과 목표를 달성하기 위해 공부에 매진하는 것도 중요하지만 다른 사람들과 원만하게 지낼 수 있는 품성이 더욱 중요하다. 사회성을 기르는 것 역시 마찬가지다.

부모의 지나친 관심은 오히려 자녀에게 해가 될 수 있다는 사실을 기억한다. 지나치지도 모자라지도 않게 적정선을 유지하면서 아이를 이해하고 격려하며 묵묵히 지켜봐주는 자세가 필요하다.

03 동생이나 친구를 괴롭혀요...

아이들은 종종 부모가 보기에 이해가 가지 않는 행동으로 부모를 화나게 한다. 친구를 괴롭히는 행동도 그 중 하나이다.

만 6세 남자아이를 둔 어머니에게서 다음과 같은 메일을 받았다.

친구와 잘 놀다가도 친구를 괴롭힙니다. 소파에 앉아 바닥에 앉은 친구를 발로 밀고 누르고 꼬집는 모습을 보고 놀라서 제지했더니 눈치를 보면서 그런 행동을 계속합니다. 가만히 있는 친구를 지나가면서 얼굴이나 머리를 철썩 때리거나 확 밀치고 가기도 합니다. 집에 놀러온 친구에게도 그러니 다른 친구들에게는 어떻게 대할지 상상히 잘 안 갑니다. 잘 타일러도 나아지지 않으니 앞으로 어떻게 해야 할지 참으로 고민스럽습니다.

친구를 괴롭히는 아이들을 보면 대부분 자신이 가지고 있는 능력을 다른 사람들에게 과시하고자 하는 잘못된 우월감에서 오는 경우가 많다. 애정결핍으로 인한 좌절감에서 친구를 괴롭히는 행동이 비롯되기도 한다.

친구들이 싫어하는 행동만 골라서 하는 재영이란 아이가 있었다. 곤충을 잡아 친구의 옷 속에 집어넣거나 친구의 새옷을 더럽히는 등의 행동을 일삼았다. 엄마나 선생님이 아무리 혼내도 듣지 않았다. 잠깐 멈추는 듯하다가 잠시 후면 언제 그랬냐는 듯 다시 친구들을 괴롭혔다.

이럴 때는 아이가 그렇게 행동하는 원인이 무엇인지 알아보고 아이의 본심을 헤아려야 한다. 이런 아이들은 부모나 선생님 등 주변 사람들의 사랑과 인정을 받고 싶은 욕구가 강한 편이다. 친구를 괴롭히는 것으로 사람들의 관심을 끄는 것이다.

따라서 부모는 아이의 마음을 이해하고 그 결핍을 채워주려고 노력한다. 곤충이나 개구리를 잡아 친구의 옷 속에 집어넣으면서 괴롭히는 아이에게 야단을 치기보다는 "무서운 벌레를 그렇게 쉽게 잡다니, 정말 용감하네!"라고 일단 칭찬해 주는 것이다. 그러고 나서 친구들이 무서워하는 벌레라는 사실을 강조하여 아이가 다시는 그런 행동을 하지 못하도록 지도한다. 그러면 아이는 나쁜 행동을 덜 하면서 좋은 방향으로 관심을 나타내기 위해 애쓰게 된다.

또래 친구들보다 조금 늦게 유치원에 들어온 민석이라는 아이도 친구들을 괴롭히는 악동으로 유명했다. 수업시간에도 집중하지 못하고 앞에 앉은 친구의 귀를 만지거나 귀에 대고 소리를 지르는 행동을 하여 아이들이 질겁하는 일이 많았다. 친구들 말을 따라하는 것도 문제였다. 주의를 주면 잠시 멈추는가 싶더니 다시 비슷한 행동을 되풀이했다.

하루는 민석이를 불러 물어보았다.

"민석아, 민석이가 친구들 말을 계속 따라하니 친구들 표정이 어땠니?"

"이상했어요."

"정말 궁금해서 물어보는데 왜 친구들 말을 왜 계속 따라하는 거야?"

"그냥 재미있어서요. 같이 놀려고요."

"친구와 같이 놀고 싶으면 웃으면서 같이 놀자고 얘기해야지, 그러면 친구들이 얼마나 좋아하는데! 친구들 말을 자꾸 따라하니 아이들은 네가 자기들을 놀리는 줄 알잖아!"

만석이는 그 뒤로 아이들을 괴롭히는 일이 현저히 줄어들었다.

위의 사례처럼 아이가 습관적으로 친구를 괴롭히면 그 원인을 파악해본다. 좋아서 그런 것인지, 아니면 싫어서 그런 것인지, 불만이 무엇인지 알아야 잘못된 행동에 대처할 수 있다.

만약 그 친구가 좋아서 그런 행동을 한다면 좋아하는 감정을 제대로 표현할 수 있도록 가르친다. 원인도 알아보지 않고 아이를 혼내는 것은 효과가 없을뿐더러 오히려 역효과만 불러일으킨다.

잠시도 가만 있지 못하고 또래들과 충돌을 일으키는 아이라면 몸을 많이 움직이는 수영, 자전거 타기, 공놀이와 같은 운동을 통해 에너지를 자연스럽게 발산할 수 있도록 하는 것이 좋다.

제일 중요한 것은 아이가 사소한 일이라도 잘했을 때는 칭찬을 자주 해주는 것이다. 불만이 많아서 아이가 어긋난 행동을 하는 경우라면 칭찬으로 자긍심을 갖게 해줄 수 있다.

"친구들과 노는 모습을 보니 우리 아들 정말 멋지더라!"

칭찬을 많이 하면서 사랑과 관심을 표현하고, 평소에 해도 되는 것과 안 되는 것의 한계를 깨달을 수 있도록 알아듣기 쉬운 말로 설명해 준다. 이때 아이 스스로 자신의 행동이 옳지 않다는 것을 느끼게 하는 것이 중요하다.

그리고 조그만 일에도 감탄과 칭찬을 아끼지 않는 것이다.

만 4세 된 남자아이를 둔 엄마입니다. 집에서만 키워서 그런지 얼마 전까지만 해도 사람 피해 다니고 놀이터 가서 놀지도 못하는 그런 아이였어요. 평소 22개월 차이 나는 여동생을 자주 괴롭히더니 이제는 집에 놀러오는 친구들을 때리고 밀고 그러네요. 놀이터에서 처음 본 애들에게도 그러는데 점점 심해지는 것 같아서 걱정이에요. 야단쳐도 그때뿐 돌아서면 또 그러니 어떻게 하면 좋을까요?

이런 아이들은 엄마가 집에 있더라도 잠깐 한눈을 파는 사이에 동생을 괴롭힌다. 볼이나 팔을 꼬집기도 하고 가지고 있던 장난감을 빼앗아 아이를 울린다. 동생이 왜 우느냐고 물으면 자기는 모르는 일이라고 발뺌한다.

동생이 태어난 후 아이가 갑자기 난폭해져서 아기를 괴롭히는 경우가 종종 있는데, 이는 '아우타기'라는 용어도 있을 만큼 자연스러운 현상이다. 동생의 출생으로 인해 자신에게 오는 부모의 관심과 사랑, 배려가 줄어드는 것에 대해 아이가 스트레스를 느끼는 것이다. 뿐만 아니라 동생을 잘 보살펴야 착한 어린이라고 하는 부모의 말이 아이에게는 강요로 느껴질 수도 있다. 이런저런 스트레스가 아기를 못살게 구는 행동으로 나타나는 것이다.

무조건 야단치거나 강요하지 말고 아이의 마음을 이해해 주는 것이

관건이다.

첫째, 애정 표현을 많이 해준다

아이는 동생이 부모의 관심과 사랑을 모두 빼앗아갔다고 생각한다. 동생을 보살펴주어야 할 존재로 여기기보다 경쟁자로 여긴다. 아이에게 자주 애정과 관심을 표시하면서 안아주거나 스킨십을 자주 해준다. 또 목욕 시키기나 기저귀 갈기 등 육아에 참여시켜 동생을 질투의 대상이 아닌 돌보아야 할 대상으로 이해시킨다.

둘째, 엄마를 대신해 아빠가 애정을 쏟는다

엄마는 아기를 돌보는 데 시간을 많이 빼앗기기 때문에 첫째에게 신경을 쓸 겨를이 없다. 이럴 때 아빠가 큰아이의 마음을 다독거려 주어야 한다. 아빠가 동생이 태어나기 전보다 자기에게 애정을 쏟는다고 느끼면 아이의 상실감은 줄어든다.

다른 모든 일들과 마찬가지로 부모와 선생님의 꾸준한 관심과 사랑만이 문제의 해결책이다. 부모나 선생님이 자기를 항상 지켜보고 관심을 가지고 있다는 것을 알면 아이는 남을 괴롭히는 행동을 할 필요성을 느끼지 못한다.

아직 어려서 자신의 감정 표현을 정확하게 하지 못하는 아이들에게 부모가 먼저 그 마음을 읽어줄 필요가 있다. "마음대로 안 되니까 많이 속상하지?" "화가 났구나." 하며 꼬옥 안아주면 아이의 불만은 대부분 해소된다.

관심과 사랑을 아이에게 지속적으로 표현해 주면 친구나 동생을 괴롭히는 행동은 눈에 띄게 줄어든다. 관심과 사랑만이 유일한 해결책이다.

04 자꾸 눈치를 봐요 ●●●

초등학교 4학년 아이를 둔 부모입니다. 아이가 유난히 사람들의 눈치를 보는 것 같습니다. 특히 어른들의 눈치를 심하게 보며 어른들에게 잘 보이려고 노력하는 모습이 빤히 보입니다. 아이를 키우면서 칭찬도 많이 해주고, 또 아이가 주눅들 만큼 혼낸 적도 없는데 왜 그런 걸까요?

가끔 부모들로부터 "아이가 눈치를 많이 봐요. 뭐가 문제인가요?"라는 질문을 받는다. 아이가 눈치를 보는 것은 대부분 부모에게 인정과 사랑을 받고 싶기 때문이다. 부모가 보여주는 관심과 사랑이 부족하다고 느끼는 것일 수도 있다. 사랑받고 인정받지 못한다고 느끼면 눈치를 보게 되는 건 어른도 마찬가지니까.

지나치게 엄격한 부모의 일관성 없는 양육 태도도 원인일 수 있다. 부모로부터 격려나 칭찬보다 질책이나 야단을 맞은 아이일수록 눈치를 보게 된다. 자신감의 문제와 연결되는 것이다.

따라서 아이에게 격려와 칭찬을 아끼지 않는다. 격려와 칭찬을 많이 받으면 자존감이 높아져 자연히 자신감도 생겨나게 된다.

그런데 나와 상담중인 엄마에게 "칭찬을 많이 해주세요."라고 말하면 답답하다는 표정을 지으며 이렇게 대꾸한다.

"칭찬 받을 만한 일을 해야 칭찬을 하지요."

사실 칭찬은 아이들이 꼭 잘해서 주는 보상이 아니다. 아이들에 대한 부모의 관심과 애정 표현인 셈이다. 칭찬의 효과를 생각하면 칭찬은 자녀를 둔 부모의 의무라고 할 수 있다.

또 하나, 부모가 왔다갔다 일관성 없는 양육 태도를 보이면 아이는 어디에 장단을 맞춰야 할지 혼란스러워진다. 그래서 부모의 눈치를 살피게 된다.

그때그때 기분대로 말하고 내키는 대로 표현하는 부모 밑에 자라는 아이는 원칙도 없고 중심도 없는 사람으로 자라기 쉽다.

그렇다고 아이에게 "너는 왜 자꾸 눈치를 보니?" "네 생각을 말해봐!"라며 핀잔을 주거나 다그치는 것은 좋지 않다. 아이가 자신의 행동을 문제적인 행동으로 인식하면 더욱 자신감이 없어지고, 그렇게 보이지 않기 위해 자신을 가장하게 되기 때문이다. 부모님이나 사람들의 관심을 끌기 위해 또 다른 무리한 행동을 하기도 한다.

눈치를 많이 보는 아이들 가운데는 겉으로는 위축되어 보이나 시간이 지나면서 내면에 적개심을 쌓아가는 아이도 있다. 그것이 한계상황에 이르게 되면 아이는 말을 듣지 않거나 공격적인 행동을 보이기도 한다.

내 아이가 눈치를 보는 것이 습관화되어 성인이 된 후에도 여전히 눈치를 보며 살기를 원치 않는다면 적절한 지도와 교육이 필요하다. 가정이나 직장에서 사람들의 눈치를 보는 상황이 계속되면 아무래도 성공적인 생활을 해나가기 어렵기 때문이다.

만 4세 아들을 둔 엄마로부터 메일을 받았다.

아이가 유치원에서 선생님의 눈치를 심하게 봅니다. 눈치를 보는 행위가 점점 심해져서 선생님도 신경이 많이 쓰인다고 합니다. 집에서도 그러느냐고 물으시는데 아이가 왜 그러는지 잘 모르겠으니 너무 답답합니다.

아이들은 부모나 선생님 등 가장 가까운 사람에게 인정받기 위해 나름의 노력을 기울인다. 부모가 좋아하는 것이 무엇인지 알기 위해, 그리고 그 기준에 맞추기 위해 노력한다.

지나치게 엄한 부모 아래서 자란 아이들은 부모의 생각을 알기 위해 눈치를 살피게 된다. 그렇지 않으면 실망을 끼치게 되어 부모로부터 인정과 사랑을 받지 못한다고 스스로 생각하기 때문이다. 이런 아이들은 밖에서도 눈치 보는 행동을 계속할 뿐 아니라 사소한 잘못이나 실수도 용납하지 않는 부모님의 평가 방법에 익숙해져 다른 사람들을 평가할 때 똑같이 해서 나중에 성인이 되어 원만한 사회생활을 하는 데 어려움을 겪을 수 있다.

우리 아이가 눈치 보지 않고 당당한 사람으로 성장하기 원한다면 먼저 자신감을 키워줄 필요가 있다. 왜 남의 눈치를 보는지 왜 자신감이 없는지 이유를 말해보라고 다그치는 부모들이 있는데 이는 역효과만 불러온다. 아이는 더욱 의기소침해지고 더욱 소극적이 되고 자신의 행동에 확신을 가지지 못한다. 그래서 눈치를 보는 악순환이 이어지는 것이다.

자신감이 부족한 아이는 부모를 실망시킬까봐 염려되어 또 눈치를 보게 된다. 아이의 자존감을 높여주는 데는 인정과 칭찬이 가장 좋은 약이다. 아이가 잘했을 때는 칭찬을 해주고 실수했을 때는 격려하는 것이다.

내 아이가 자신감이 부족하거나 다른 사람의 눈치를 지나치게 본다면 다음 세 가지를 돌아봐야 한다.

❶ 아이를 너무 엄하게 대하지 않았는가?

❷ 일관성 없는 양육태도로 아이를 혼란스럽게 한 건 아닌가?

❸ 아이가 실수하거나 잘못했을 때 너무 심하게 화를 내거나 너무 지나친 반응을 보이지 않았는가?

마음에 들지 않는 아이의 태도를 바꾸기 전에 부모는 먼저 자신의 태도를 돌아보아야 한다. 아이가 실수를 해도 부모는 한결같은 관심과 사랑으로 자신을 지지한다는 사실을 알게 한다.

05 편식이 심해요 · · ·

아들이 초등학교 2학년이 됩니다. 그런데 편식이 너무 심해요. 먹는 음식이라고는 햄, 삼겹살, 불고기 정도고 채소나 다른 건 전혀 먹지 않으려고 합니다. 학교 급식을 안 먹어서 아내가 도시락을 싸서 보낼 정도입니다. 편식도 편식이지만 건강이 걱정입니다. 어떻게 해야 편식을 고칠 수 있을까요?

편식하는 아이들이 의외로 많다. 편식은 영양 불균형을 가지고 오기 때문에 아이의 성장을 방해한다. 특히 유아동기는 신체의 성장발육이 왕성한 시기로 이때의 영양이 평생의 건강을 좌우한다고 해도 과언이 아니다. 또한 정신발달과 지적 능력 및 정서 등 전반적인 인지적 발달의 기초를 마련하는 토대가 된다.

신체의 성장과 함께 활동량이 급격히 증가하여 유아동기에는 특히 균형잡힌 식단이 필요하다. 또한 뇌 발달이 거의 완성되는 시기이기 때문에 각 영양소를 골고루 섭취해야 한다. 영양공급이 제대로 이루어지지 않을 경우 신체조절 능력이나 뇌 발달이 늦어질 수 있으며 이는 두뇌나 정서 발달에도 큰 영향을 미치게 된다. 아이의 식습관에 많은 신경을 써야 하는 이유가 여기에 있다.

부모 가운데 편식하는 사람이 있으면 아이 역시 편식하게 된다. 아이는 무의식적으로 엄마나 아빠의 행동을 따라하기 때문이다. 어른들이 먹는 맵고 짠 음식을 아이에게 먹이는 것도 좋지 않다. 아이의 편식하는 습관을 고치기 전에 우리집 식습관이 어떤지 살펴보고 잘못된 식습관은 고친다.

편식이 심한 여섯 살짜리 여자아이를 둔 엄마입니다. 아이가 주로 먹는 것은 밥, 김, 계란, 고기이고, 채소를 비롯해 김치는 전혀 먹지 않습니다. 매일 같은 것만 먹다보니 영양이 부족할 것 같아 걱정입니다.

이유 없는 편식은 없다. 부모가 이것저것 다 잘 먹으면 아이들도 가리지 않고 다 잘 먹게 된다. 지인의 자녀 중 김치를 아예 먹지 않는 딸아이가 있어서 조언을 해주었다.

"김치 썰 때 아이의 입에 김치 한 조각을 넣어주고 '맛있지?' 물어보고 '별로'라고 하면 '요즘은 맛있지?' 이렇게 물어보세요. 예전에는 김치가 별로 맛이 없었는데 지금은 맛있네, 라는 생각을 하도록 유도해 보세요. 사실 우리 조카도 이런 식으로 김치를 먹기 시작해 지금은 햄보다 김치를 더 잘 먹는답니다."

아이들의 편식은 부모의 영향이 크다. 요즘은 육류 위주의 식사를 하는 가정이 많다. 마트에서 장을 볼 때 당연히 소고기, 돼지고기, 닭고기에 손이 가고 외식을 할 때도 주로 육식만 찾게 된다. 아이들도 이유식 때부터 고기에 길들여져 식탁 위에 채소만 있으면 밥알을 세게 된다.

기름진 음식, 튀긴 음식을 좋아하면 아이는 부모의 그런 식습관에 영향을 받게 된다. 그 결과 영향의 불균형을 초래할 뿐 아니라 비만으로까지 이어지는 경우가 많은 것이다.

가정에서의 편식이 유치원이나 초등학교 급식시간까지 이어지는 추세이다 보니 급식시간에 굶고 집에 와서 밥을 찾는 아이들이 많다.

아이들이 편식을 하는 또 다른 원인으로는 인스턴트, 패스트푸드 음식이 주변에 넘쳐나기 때문이다. 청량음료나 라면, 달콤한 과자 등 인스턴트 식품에 익숙한 아이들은 과일의 단맛보다 아이스크림이나 주스의 단맛에 길들여지게 된다. 오래 씹어야 맛을 느낄 수 있는 반찬보다 부드럽게 넘어가는 햄버거나 피자가 맛있게 여겨지는 것이다. 그래서 자연히 인스턴트와 패스트푸드 즉 자신이 좋아하는 음식만 찾게 된다.

편식이 심한 주영이라는 소녀의 사례를 살펴보자.

 주영이는 식판을 받아놓고 시무룩한 표정으로 앉아 있다.

"선생님! 저 김치 안 먹으면 안 돼요?"

"김치는 건강에 좋아. 세계적으로 각광받는 웰빙음식인데 왜 안 먹겠다는 거니?"

"맵고 질겨서 맛이 없어요."

"지금부터 조금씩이라도 먹는 연습을 하지 않으면 나중에 편식하는 볼썽사나운 어른이 될 텐데."

"학교에 가면 먹을 거예요."

"그럼 오늘은 조금만 잘라서 먹어보도록 할까?"

"네."

다음은 주영이 어머니와의 전화상담 내용이다.

"주영이가 유치원에서 점심시간이 제일 싫다고 하네요. 채소를 먹어야 하는 것이 고역인가 봐요. 일단은 유치원에 즐겁게 다니는 것이 중요한 것 같아요. 먹기 힘들어하는 것은 빼주시는 게 좋을 것 같아요."
"요즘 주영이가 점심시간에 힘들어하긴 했어요. 그래도 아예 안 먹는 것보다는 조금씩이라도 먹으며 거부감을 줄여 나가는 것이 좋지 않겠어요? 지금 당장은 힘들겠지만 가정에서도 신경써서 조금씩 편식 습관을 바꿔 나가야 하지 않을까요?"

가정과 유치원의 협동으로 주영이의 편식하는 습관은 많이 개선되었다. 지금은 김치를 비롯해 채소들도 잘 먹는 편이다. 아이가 왜 편식을 하는지 그 원인을 파악해서 어린이집, 유치원, 혹은 학교와 가족이 함께 노력하면 아이의 편식습관을 고칠 수 있다.

식판을 활용하는 것도 좋은 방법이다. 예쁜 식판에 반찬을 골고루 담아주면 유치원에서 먹는 것처럼 잘 먹는 아이들이 많다. 처음에는 아이가 싫어하는 음식은 조금, 좋아하는 음식은 많이 놓아준다. 그리고 조금씩 늘려나간다. 깨끗이 다 먹었을 경우 아이가 좋아하는 간식을 주거나 비디오를 보여주는 등 포상을 하는 것이다. 이렇게 하면 아이의 편식습관이 눈에 띄게 개선된다.

다음은 편식하는 습관을 개선하는 데 도움이 되는 여섯 가지 팁이다.

첫째, 주방놀이 하기

놀이뿐만이 아니라 엄마가 요리할 때 아이와 함께 식재료의 촉감을 느끼고, 함께 조리해 보는 것이 좋다. 요리가 완성되면 아이가 음식을 만드는 데 참여했다는 성취감을 느끼게 해주는 것도 좋은 방법이다.

둘째, 식재료에 이름 붙이기

음식이나 식자재에 이름을 붙여보자. 홍당무에는 '부끄러운 홍당무양', 양파에는 '매콤매콤 양파군' 등의 이름을 붙인다. 이름을 직접 지어 붙인 채소에는 친밀감을 느끼는 것이 보통이다. 이런 방법도 아이의 편식 문제 해결에 도움이 될 수 있다.

셋째, 채소 상황극

아이가 채소를 안 먹는다고 해서 "너 키 크고 싶다고 했지, 그러면 이거 먹어야 해!"라고 말하기보다는 이 채소를 왜 먹어야 하는지, 먹으면 어디에 좋은지를 자세하게 알려주는 것이다. 그리고 예를 들어 엄마는 무 역할을, 아빠는 콩나물 역할을, 아이는 양파 역할을 해서 서로 누가 더 뛰어난지 말하는 상황극도 재미있다.

넷째, 어린이 식판 활용

아이에게 식판을 주고 얼마만큼 먹을지 선택하게 한다. 이는 아이에게 선택권을 줌으로써 자존감을 높여주게 된다.

다섯째, 텃밭 가꾸기

아이들에게도 성취감이 있다. 아이와 함께 텃밭을 가꾸거나 주말농장을 해서 직접 채소를 재배하고 아이의 이름을 쓴 팻말을 세워주면 아이가 채소와 친숙해질 수 있다.

여섯째, 부모부터 모범을 보이기

부모가 음식을 골고루 먹는 식습관을 먼저 보여주는 것이 중요하다. 아이는 무의식적으로 부모의 행동을 따라하므로 편식하는 습관을 바로잡는 데는 부모의 바른 식습관이 기본이다.

아이가 아주 어릴 때부터 부모가 균형잡힌 식단과 함께 적절한 지도를 했다면 편식이나 채소를 먹지 않는 등의 나쁜 습관은 없었을지도 모르지만 포기하지 않고 꾸준하게 방법을 모색하면 반드시 바로잡을 수 있다. 아이의 편식을 어쩔 수 없는 것으로 체념하지 않는 것이 중요하다.

지나친 편식은 체질을 변화시킨다. 육식을 즐기는 아이들은 체질이 산성화되어 성격이 공격적으로 변하고 짜증을 잘 내게 된다. 반대로 고기를 싫어하고 채소와 과일만 즐기는 아이들은 한창 뛰어다닐 나이에 기운이 없고 빈혈이 생길 수도 있다. 또한 예민하고 까다로운 성격이 나타나기도 한다.

편식이 무서운 것은 성장발육이 왕성한 유아동기에 꼭 필요한 영양소를 골고루 섭취할 수 없기 때문이다. 실제로 편식하는 아이들을 살펴보면 신체 발육이 그렇지 않은 아이들에 비해 왜소하고 더디다는 것을 알 수 있다. 몸이 너무 약하거나 키가 작은 그것이 원인이 되어 소심한 성격이 되기도 한다.

유아동기에 먹는 음식이 아이의 평생 건강을 좌우한다. 그래서 세상의 모든 부모는 내 아이에게 다양한 영양소가 담긴 식재료를 골고루 먹이고 싶어한다.

특정 음식만 먹겠다거나 또는 특정 음식은 먹지 않겠다고 고집을 부리는 아이를 보면 잘못된 식습관을 고칠 수 없을 것 같지만, 꾸준히 관심을 기울이고 지속적으로 노력하면 반드시 개선된다. 아이의 건강을 위해서라도 반드시 잘못된 식습관을 바로잡아주어야 하는 것이다.

06 학교 가기 겁이 나요 •••

유치원을 졸업하고 초등학교 2학년이
된 동혁이 어머니로부터 카카오톡으로 메시지가 왔다. 가끔 아이의 안
부를 전하면서 인사를 전하는 어머니이기 때문에 반갑게 읽어 나갔다.
아이에게 문제가 생겼다는 장문의 메시지였다.

선생님! 잘 지내시죠? 저 동혁이 엄마예요.
우리 동혁이가 벌써 2학년이 되었어요. 그런데 작년 가을부터
학교 가는 시간만 되면 머리가 아프고, 배가 아프다고 하는군요.
딱 하루만 쉬면 안 되느냐고 졸라서 사정을 봐주다 보니
결석이 잦아졌습니다.
병원에 가서 검사를 해봐도 별 이상은 없다고 하는데요.
아이가 아직 학교에 도착하지 않았다는 선생님의 전화를 받을 때도 있고,
걸핏하면 머리가 아프고 배가 아프다며 양호실에 간다고 합니다.

1학년 1학기에는 아무 문제가 없었는데 왜 그럴까요?

선생님, 조언 좀 부탁드려요.

주위에 보면 동혁이처럼 학교에 가기 싫어하고 겁을 내는 아이들이 많다. 부모의 입장에서는 여간 난처한 일이 아니다. 처음에는 아이를 구슬려보기도 하고 타이르고 야단도 치게 된다. 하지만 시간이 지나도 아이의 행동이 나아지지 않고 더욱 심해진다면?

아이가 왜 학교를 무서워하고 학교에 가기 싫어하는지 원인을 파악하는 것이 선결문제다. 여러 가지 원인이 있을 수 있다. 친구들과의 관계는 문제가 없는지 수업을 따라가기가 힘든 건지 아니면 또 다른 문제가 있는지 살펴본다. 담임선생님과 상담은 물론 협조를 구한다.

아이가 1학년이라면 아직 적응이 안 되어 일시적으로 학교에 가는 것을 싫어할 수도 있다. 그러나 동혁이처럼 1학기에 전혀 문제가 없었던 아이가 이러한 행동을 보이는 경우는 다르다. 정확한 원인이 무엇인지 알아내어 적절한 조치를 취한다.

학습 부진 때문이든 교우관계 때문이든 요즘은 학교에 대한 스트레스가 심각하여 학교 가기 겁내는 아이들이 늘어나고 있다. 초등학교에 입학하고 그동안 다녔던 유치원 분위기와 너무 달라서 적응하기 힘들어하는 아이들도 많다.

점심시간에 많은 밥을 억지로 먹어야 하는 것도 싫고 먹기 싫은 반찬을 남겨서는 안 되는 규칙이 원인이 될 수도 있다. 자기보다 키가 크고 덩치가 큰 친구들을 무서워하는 경우도 있다. 등교를 거부하는 아이의 문제가 무엇인지 알고 나면 그 이유가 너무 사소하고 엉뚱한 것이어서 놀랄 때가 많다. 그런데 아이에게는 그것이 큰 고민인걸 어떻게 하겠는가.

학교는 사회의 축소판이다. 다양한 개성의 친구들을 만나면서 여러 가지 문제에 부딪히기도 한다. 아이들이 느끼는 불안과 혼란은 생각처럼 간단치 않다. 학교에는 학생들이 엄연히 지켜야 할 규칙들이 있다. 그 규칙들을 지키는 것이 버거워 학교 가기를 무서워하는 하는 학생들도 있다.

규칙적인 생활습관은 하루아침에 형성되지 않는다. 따라서 부모는 아이의 식사 시간과 숙제하는 시간, 텔레비전 시청 시간, 수면 시간 등이 규칙적으로 이루어지도록 지도한다. 무엇보다 중요한 것은 부모부터 모범을 보이는 것이다.

다음은 건강한 학교생활을 위한 아홉 가지 팁이다.

첫째, 아이의 불안과 두려움에 대해 공감해 준다. 그런 과정 없이는 아이의 마음을 열기 어렵다.

학교에 가지 않겠다고 떼쓰는 아이에게 이렇게 말해보자.

"갑자기 환경이 바뀌면 엄마라도 힘들 거야. 처음 유치원에 갔을 때 가지 않으려고 울던 너의 모습을 생각해봐. 그런데 어땠어? 나중엔 즐겁게 다녔잖아. 넌 틀림없이 잘할 수 있을 거야! 네가 적응할 때까지 엄마와 선생님이 도와줄게."

둘째, 학교는 즐거운 곳임을 인식시켜 준다.

공부도 처음엔 하기 싫지만 열심히 하다 보면 실력이 늘고 성취감을 느낄 수 있으며, 선생님도 수업을 잘 이끌어가기 위해 떠드는 아이를 야단치고 겉으로는 엄하게 대하실 수밖에 없다는 사실을 이해시킨다.

셋째, 정해진 규칙을 지키도록 한다.

입학하거나 학년이 바뀌면서 지켜야 할 새로운 규칙과 질서들이 많이 생긴다. 아이에게 새로운 환경에서 지켜야 할 규칙들은 무엇이 있는지, 또 왜 지켜야 하는지 설명해 준다. 그리고 규칙을 지키는 것이 귀찮은 것 같지만 규칙을 지킴으로써 훨씬 편해지고 안전해진다는 사실을 주지시킨다.

넷째, 바른 생활습관을 가지도록 한다.

뇌가 활발하게 움직이는 아침에 일찍 일어나 하루를 시작하는 습관이 필요하다. 그러기 위해서는 너무 늦지 않은 시간에 잠자리에 드는 것이 좋다. 아침에 일찍 일어나 여유있게 하루를 시작하면 학교에 가는 것이 그리 귀찮거나 부담스럽지 않을 수 있다.

다섯째, 학교에서 어떤 점들이 불편한지 대화를 나눈다.

혹시 괴롭히는 친구가 있는 건 아닌지 누구와 친한지 물어본다. 엄마와의 분리불안이 심해 학교가 괴로운 아이도 있고 공부와 수업에 적응하지 못하는 아이들도 있다.

아이의 이야기를 듣고 충분히 공감해준다. 아니라고 설득하거나 일방적인 해결책을 제시하지 말고 "정말 힘들었겠다!"라는 말과 함께 속깊은 대화를 나눈다.

여섯째, 자신감을 가지고 자신의 의견을 말하도록 훈련시킨다.

친구나 선생님과 소통하는 능력도 훈련에 의해 가능하다. 또박또박 조리있게 말할 수 있게 돕는다.

일곱째, 수업시간을 즐기며 몰입할 수 있도록 한다

초등학교의 수업시간은 한 시간이 보통 40분이다. 그런데 이 시간을 견디지 못해 힘들어하는 아이들도 있다. 공부는 억지로 하는 것이 아니라 즐거운 것이라는 걸 인식시켜주는 노력이 필요하다. 공부 이전에 아이가 좋아하는 혹은 재미있어하는 활동들을 통해 아이가 몰입할 수 있는 능력을 키워주면 도움이 된다.

여덟째, 독서를 통하여 공부하는 습관을 키워준다

어려서부터 책 읽는 것이 습관이 된 아이는 커서도 책읽기를 좋아한다. 따라서 저학년 때는 부모가 함께 책 읽는 시간을 자주 갖는다. 부모역시 책을 자주 읽는 모습을 평소에 보여주어서 아이가 책과 가까워질 수 있도록 환경을 조성한다.

독서는 공부습관뿐 아니라 생각하는 능력과 조리있게 말할 수 있는 능력을 돕는다. 친구들과의 대화를 좀더 재미있고 풍성하게 할 수 있도록 하는 것도 독서의 힘이다.

아홉째, 담임선생님께 도움을 청해서 아이가 특히 잘하는 부분을 아이들 앞에서 칭찬받을 수 있도록 한다.

아이의 한 주 계획표를 꼼꼼히 살펴서 미리 예습을 하게 하면 아이는 학습에 흥미를 가지게 되고 자신감을 갖게 된다.

아이가 학교에 가기 싫어하는 원인은 다양하다. 낮은 자존감과 자신감의 결여, 사회성 부족, 학습 부진, 친구와의 갈등 등 원인도 각양각색이다.

이밖에도 언어나 인지학습 발달의 어려움으로 인한 문제가 있을 수도 있다. 부모나 선생님의 노력으로 나아지지 않으면 전문기관의 도움을 받는 것도 좋다. 아이의 문제가 무엇인지 정확히 파악하여 아이에게 꼭 맞는 체계적인 지도방안을 모색한다.

07 체육시간을 싫어해요 ...

초등학교 교사인 지인이 있는데 어느 날 수업 중에서도 체육시간에 대해 많은 이야기를 나누었다.

아이들은 체육시간을 어떻게 생각할까?

"아이들은 대부분 체육 시간을 좋아합니다. 체육을 싫어하는 아이도 일단 교실 밖으로 나가는 건 좋아하죠. 그래서 저는 일주일에 몇 시간 안 되는 체육시간이 무슨 행사가 있거나 학교의 사정으로 인해 다른 시간으로 교체될 때 가슴이 아픕니다. 여러 과목 중에서 체육시간을 제일 만만하게 보는 게 문젭니다."

하루 종일 좁은 교실에 갇혀 지내다시피 하는 아이들이 운동장에서 신나게 뛰어놀 때 아이들 내면에 잠재되어 있는 에너지가 발산된다는 것이다. 운동을 따로 할 시간이 없는 아이들이 체육시간을 통해 직접 접하는 운동은 성장해 성인이 될 때까지의 운동습관에 큰 영향을 미친다.

그런데 의외로 체육시간을 싫어하는 아이도 있다. 한 초등학생으로부터 이런 메일을 받았다.

저는 초등학교 5학년 학생입니다. 한 가지 고민이 있어서요. 체육시간이 죽기보다 싫어요. 운동신경이 없어서 체육 시간만 되면 자신감을 잃거든요. 축구나 피구 등 직접 발로 뛰는 경기를 할 때는 혹시 내가 어이없는 실수나 하지 않을까 하여 조마조마합니다. 그래서 아프다는 핑계로 체육시간에 빠질 때도 있습니다.

그 학생에게 나는 다음과 같은 조언을 했다.

과거 학생처럼 체육시간이 되면 불안해 했던 학생이 한 명 있습니다. 그는 운동신경이 부족해 어떤 운동을 해도 어설프고 다른 아이들보다 실력이 뒤떨어졌어요. 그래서 어느 날 한 운동만 열심히 해보기로 결심했습니다. 그가 선택한 것은 농구였습니다. 처음엔 실수도 많았고 공 한 번 차지하기가 하늘의 별따기였습니다.

그는 점심 먹고 나와서 농구하고 저녁 먹고 나와서 농구하고 자기 전에도 열심히 농구했습니다. 그런 노력 끝에 현재는 고등학교의 주전 농구선수로 활약하고 있습니다.

아이가 유난히 체육시간을 싫어한다면 왜 체육을 싫어하는지 원인이 있게 마련이다.

유난히 자신감이 없고 수줍음을 많이 탔던 한 아이가 떠오른다. 초등학교 3학년이었던 준수는 다른 과목은 성적이 우수했는데 체육은 정반

대였다. 부모는 아이가 공부만 잘하면 된다는 사고를 가지고 있었다. 준수는 다른 과목에는 의욕적이었지만 유독 체육시간만 되면 자신감이 떨어졌다. 점심시간에 밥을 먹을 때도 다른 아이들에 비해 느렸고 체육시간이 되면 '머리가 아프다', '배가 아프다'라는 핑계를 대며 운동장 그늘에 앉아 있곤 했다.

아이가 체육시간을 싫어한다면 아이와 대화를 나누어서 그 원인을 파악한다. 체육을 못해서 하기 싫은 건지, 운동신경 없는 자신을 친구들이 우습게 볼까봐 그러는지, 경기 규칙을 몰라서 그러는지, 자기 때문에 시합에 질까봐 그러는지 등 이야기를 나누다보면 원인을 알 수 있다.

체육을 싫어하는 아이들은 자신은 체육에 소질이 없고 체육을 싫어한다고 스스로에 대한 단정을 내리고 있는 경우가 많다. 아이가 체육시간에 하고 싶은 활동이 무엇인지 물어보고 의견을 존중해주면 체육에 대한 거부감을 줄일 수 있다. 물론 매번 아이가 좋아하는 것 위주로 체육활동을 할 수는 없다. 그러나 두세 번 하다 보면 아이는 또래들과 함께 어울리는 것 자체에 더 큰 즐거움을 느낄 수 있다.

아이의 자신감을 키워주되, 사람이 모든 분야에 걸쳐 다 잘할 수는 없다는 것을 알게 해준다. 어떤 사람은 그림을 잘 그리고, 노래를 잘 부르고, 피아노를 잘 치고, 달리기를 잘하는 등 재능이 다양하다. 운동 신경이 조금 부족하다고 해서 못난 사람이 아니라는 것을 깨닫게 하는 것이다.

체육시간이 두렵게 여겨지는 것은 운동신경이 부족한 탓일 수도 있다. 그러나 체육시간은 올림픽에 나갈 국가대표 선수를 선발하는 것이 아니기 때문에 크게 걱정할 필요가 없다. 그저 친구들과 즐겁게 어울려 놀면 된다는 것을 일깨워줘야 한다.

초등학생뿐 아니라 유아들 가운데도 체육시간을 싫어하는 아이들이 있다.

"만 6세 반을 맡고 있는 교사인데요. 아이들 가운데 체육수업 시간만 되면 안하겠다고 떼를 쓰며 우는 아이가 있습니다. 이럴 땐 어떻게 해야 할지 모르겠어요."

이런 아이들에게는 '달팽이놀이' 등 다양한 놀이를 통하여 아이가 즐겁게 놀이에 참여할 수 있도록 이끄는 것이 중요하다.

❶ 10~30명 정도가 함께할 수 있는 놀이이다.
❷ 인원수에 맞게 달팽이 모양의 선을 긋는다. 전체 인원수의 절반 수만큼 선을 긋는다.
❸ 편을 갈라 이긴 편과 진 편을 나누어, 이긴 편은 바깥쪽에, 진 편은 안쪽에 진을 만들어 상대의 진을 향하여 선다.
❹ 자기 진에서 출발하여 달려가다가 상대편을 만나면 가위바위보를 한다.
❺ 진 사람은 자기 진으로 돌아가고 이긴 사람은 계속 전진한다.
❻ 이런 식으로 상대편의 진에 먼저 도착하면 이긴다.

달팽이놀이는 달리기를 못해도 가위바위보로 순서가 바뀔 수 있고, 이겼을 경우에는 성취감을 느끼기도 한다. 또 지더라도 누구 때문에 졌다며 탓하지 않기 때문에 좋다.

아이들과 함께 즐길 수 있는 놀이로 '쥐와 고양이' 놀이가 있다. 두 명씩 손을 잡고 둥그렇게 둘러선다. 쥐는 도망을 다니다가 두 명씩 붙어 있는 곳에 가서 붙으면 다른 한 명이 다시 쥐가 되어 도망을 다닌다. 고양이는 '야~옹' 하며 쥐를 잡으러 다닌다. 고양이가 쥐를 잡으면 쥐가 고양이가 되고 고양이는 쥐가 되어 도망다닌다. 이 놀이는 아이들이 쉽게 규칙을 익히고 신나게 뛰어다니며 놀 수 있다.

그 밖에 '모래놀이', '소꿉놀이', '무궁화 꽃이 피었습니다', '수건 돌리기', '줄넘기' 같은 것도 있는데 또래들과 함께 어울려 하는 놀이로 그저그만이다. 체육을 싫어하는 아이들에게 도움이 된다.

아이에게 체육시간에 특별한 역할을 주는 것도 한 방법이다. 공이나 다른 필요한 준비물을 챙기게 하거나 준비운동을 할 때 선생님 옆에서 함께 한다든지, 심판을 보게 하는 것도 도움이 된다. 선생님이 자신에게 관심을 가지고 있고 도와주려고 한다는 것을 마음으로 느끼면 아이도 조금씩 달라지게 된다.

08 학기 초가 되면 항상 불안해요···

며칠 전 늦게 결혼을 한 친구로부터 전화가 걸려왔다.

"요즘 바쁘지?"

"항상 그렇지 뭐. 그런데 무슨 일 있어?"

"민호가 이번에 초등학교 입학했잖아."

"잘 적응을 못하나 보네."

"그걸 어떻게 알아?"

"평소에 하는 행동 보면 알지!"

"어떻게 하지? 정말 걱정이야. 무슨 좋은 방법 없을까?"

친구의 말에 의하면 아이가 옷 입고 가방 메고 학교 갈 준비를 다 해 놓고는 신발 신고 나서면서 "엄마, 배 아파!" 하며 등교를 거부한다는 것이다.

처음에는 정말 배가 아픈지 알았다고 한다. 그런데 입학을 한 지 일주

일이 지나도록 똑같은 행동을 하니 걱정이 몰려왔다.

새학기에는 아이도 학부모도 선생님도 모두 분주해진다. 부모들에게 가장 큰 고민거리는 역시 적응문제이다.

'우리 아이가 낯선 환경에 잘 적응할 수 있을까? 그리고 새로운 친구들과 원만하게 잘 지낼 수 있을까?'

학교생활에 잘 적응하지 못하는 아이들, 일명 '새학기 증후군'이다. 새학기 증후군이란, 학기 초 갑작스러운 환경변화에 잘 적응하지 못해 육체적·심리적 이상이 나타나는 것을 말한다.

낯선 공간에서 낯선 선생님과 친구들과 함께 생활하는 것 자체가 아이에게는 스트레스인 것이다. 이러한 새학기 증후군은 어린이집이나 유치원을 졸업하고 초등학교에 입학하는 아이들에게서 가장 많이 나타난다.

최근에는 유아기를 벗어난 아이들뿐 아니라 초등학교 입학생을 포함해 고학년으로 진학하는 학생들 가운데서도 새학기 증후군 증상을 보이는 경우가 많다. 그래서 4월에서 5월 사이 새학기 증후군으로 병원을 찾는 아이들이 증가하고 있는 추세이다.

새학기 증후군의 증상은 그야말로 다양하다. 스트레스로 인해 신체 자율신경 조절 능력이 떨어지기 때문에 나타나는데 복통이나 두통, 구토, 멀미, 불면증, 과민성대장염 등의 증상이 나타나고 간혹 밤에 오줌을 싸기도 하며 작은 소리에 쉽게 놀란다.

그리고 스트레스로 인해 표정을 만들어내는 근육들이 굳어지기 때문에 얼굴이 경직되기도 한다. 얼굴과 목, 어깨, 가슴 근육들이 움츠러들면서 신진대사가 원활히 이루어지지 않아 근육통과 두통을 유발하기도 한다.

대부분의 부모들은 학기 초 아이가 배나 머리가 아프다며 등교를 거부할 때 새학기 증후군을 의심하다가도 '시간이 지나면 괜찮겠지.' 하는 생각으로 대수롭지 않게 여긴다. 시간이 지나면 괜찮아질 거라고 믿고 싶은 것이다.

아이들은 시간이 지나면서 서서히 학교생활에 적응을 한다. 그러나 어떤 아이들은 시간이 지나도 달라지는 것이 없다. 만일 새학기 증후군 증상이 3개월 이상 계속되면 반드시 전문가의 도움을 받아야 한다.

특히 이런 아이는 새학기 증후군이 거의 확실하다.

- 경쟁심이 많은 아이
- 관심을 많이 받으려는 아이
- 평소 수줍음을 많이 타는 아이
- 예민하고 작은 일에도 불안해 하는 아이
- 평소 공격적이거나 충동적인 행동을 일삼는 등의 행동장애가 있는 아이

해당항목이 많을수록 아이들은 새학기에 적응하는 게 더 힘들어질 것이 뻔하다.

새학기 증후군을 대수롭지 않게 여겨선 안 된다. 구체적인 예로는 아이들의 성장에 영향을 미칠 수 있기 때문이다. 낯선 장소, 낯선 선생님과 친구들로 인한 스트레스는 성장 호르몬의 정상적인 분비를 방해해 성장이 충분히 이루어지지 않는다. 따라서 새학기 증후군 등의 스트레스로 발육이 제대로 이루어지지 않으면 한창 외모에 신경을 많이 쓰는 아이들에게 작은 키, 작은 체구는 또 다른 스트레스로 작용해 자신감이 없는 소극적인 아이로 변하게 한다.

새학기가 시작된 후 여전히 아이가 학교 가기 싫다고 투덜거리거나 두통이나 복통을 호소하면 꾀병으로 치부하지 말고 지속적인 관심과 대화를 통해 아이의 고민과 문제점을 찾아 해결해주는 것이 중요하다.

아이가 갑작스레 늘어난 학습량을 힘겨워한다면 학원 스케줄 등을 조절해주고, 또래 친구들과 어울려 놀 수 있도록 기회를 제공한다. 새학기 증후군은 낯섦에 대한 스트레스에서 비롯되기 때문에 아이의 스트레스 해소만으로도 증상이 훨씬 나아진다.

규칙적인 식생활 습관과 꾸준한 운동도 새학기 증후군 치료에 도움이 된다. 새학기 증후군을 겪는 아이들 가운데 TV나 PC를 끌어안고 밤늦게까지 보다가 잠들곤 하는데 이런 불규칙한 생활습관은 피곤을 가중시켜 스트레스의 원인으로 작용한다. 또한 균형 잡힌 영양이 공급되지 않으면 체력 저하로 이어질 수 있다.

취침은 늦어도 10시 이전에는 잠자리에 들어 충분한 수면을 취하도록 해야 한다. 충분한 수면은 스트레스 완화뿐 아니라 성장호르몬도 충분히 분비되어 발육에 도움이 된다. 아침에 일어날 때, 잠자리에 들기 전 10분씩 하는 스트레칭도 성장판을 자극해 키 성장을 돕고, 스트레스로 뭉친 근육을 풀어준다.

아이와 가장 가까운 사람 가운데 하나인 학교 선생님의 역할도 크다. 선생님이 미리 알고 있으면 새학기 증후군을 겪는 아이들에게 도움이 된다.

초등학교에 들어가면 모둠 활동 중에 행동이 느린 아이들은 스트레스를 더 많이 받게 된다. 만약 선생님이 동기부여를 하겠다고 경쟁을 부추기면 스트레스는 더욱 가중된다. 먼저 과제를 마친 친구들이 빨리하라고 채근하면 당황하게 되고 마음이 무겁기는 마찬가지다.

초등학교 저학년은 공부보다 또래 친구와의 경쟁에서 더 많은 스트레스를 받을 수 있다. 부모들 가운데 아이에게 동기부여를 한다는 의미로 다른 아이와 비교를 하거나 강압적인 분위기를 조성하는데 이는 역효과만 불러온다는 것을 명심한다.

아이들이 스트레스를 많이 받는 원인 중 하나가 바로 급식지도이다. 먹기 싫은 음식이나 생리학적으로 몸에 맞지 않는 음식을 남겨선 안 된다며 억지로 먹으라고 하는 것은 잘못된 지도 방법이다. 영양소도 중요하지만 아이가 정서적인 안정을 갖는 것이 더 중요하다는 것을 기억해야 한다.

점심시간에 또래들에 비해 늦게 먹거나 잘 먹지 못하여 야단을 맞는다면 아이의 자존감이 위축될 수 있다는 사실을 명심한다.

새학기 증후군에는 규칙적인 식사와 함께 아몬드, 호두 등의 견과류를 많이 섭취하는 것이 좋다. 특히 호두는 항산화 물질인 비타민 E가 풍부해 우울증을 예방하고 신장 기능을 강화해 기운을 북돋운다. 체내의 독소를 없애주기 때문에 스트레스에 시달리는 아이들에게 좋다.

새학기 증후군의 치료 방법은 다양하다. 약물치료나 놀이치료도 있지만 더 좋은 치료법은 부모와 아이가 나누는 즐거운 대화이다. 아이가 학교에 가기 싫다고 고집을 부리면 학교에 가기 싫은 이유들을 들어보고 공감해 주며 표시나지 않게 아이가 학교나 친구들에게 정을 붙이도록 이끈다. 아이의 말에 공감하며 차분히 물어봐야 한다.

아이가 아프다고 하면 무조건 병원에 데려가기보다는 아이가 어떤 스트레스를 받고 있는지 알아본다. 아이가 짜증을 내며 평소 안하던 행동을 한다면 부모와의 대화가 필요하다는 신호로 받아들인다.

아이가 반 아이들에게 무시를 당하거나 놀림을 받고 왔을 때에는 상처받은 아이의 마음을 보듬어주고 엄마아빠는 네 편이라는 메시지를 전해 일단 아이의 기를 살려준다.

아이들이 새학기 증후군이라는 성장통을 앓는 것은 필연적이다. 아이에게 학교와 선생님과 새 친구들은 무서운 존재가 아니라 함께 꿈을 키워가는 존재임을 깨닫는 것이 중요하다.

Tip 새학기 증후군 증상

심리적 증상
- 학교 가기 전날 밤이나 학교 가는 날 아침, 갑자기 두통이나 복통을 호소한다.
- 학교에 다녀와서 이유 없이 짜증을 내고, 가족에게 공격적으로 대한다.
- 새학기가 시작된 후 눈에 띨 정도로 말이 줄어든다.
- 부모에게 학교 선생님이 무섭다는 이야기를 자주 꺼낸다.
- 학교에 갈 일에 대해서 걱정을 한다.

신체적 증상
- 복통이나 두통, 구토, 멀미, 불면증, 과민성 대장염 등의 증상이 나타난다.
- 간혹 밤에 오줌을 싸기도 하며 작은 소리에 쉽게 놀라기도 한다.
- 표정이 굳어진다.
- 근육통과 두통이 자주 일어난다.

위의 증상이 3개월 이상 지속된다면 새학기 증후군일 가능성이 높으므로 전문의와의 상담이 필요하다.

09 말수가 없고 자기표현을 못해요 ···

지금은 자기 표현력이 중시되는 시대이다. 따라서 유난히 내성적이고 말수가 없거나 자기표현을 하지 않는 아이를 둔 부모들은 이래저래 걱정이 많다. 이런 아이들은 사회성도 부족하고 또래보다 뒤처지는 것처럼 보이기 때문이다.

이런 문제로 조언을 구하는 학부모의 메일이 자주 날아든다.

> 아이가 다섯 살인데요. 작년까지만 해도 안 그랬는데 올해부터는 유난히 말수가 없고 잘 웃지도 않아요. 무슨 충격을 받아서 그런 건지 물어도 대답도 안하고 답답합니다. 원인이 뭘까요? 어떻게 훈육해야 할지 조언 부탁드립니다.

다섯 살이면 한창 말을 배워서 부모에게 자랑스레 새로 배운 어휘를 구사할 때다. 그런데 눈에 띄게 말수가 줄어들고 잘 웃지도 않는다면 부모는 평소 자신의 행동에서 다음 세 가지를 살펴봐야 한다.

첫째, 아이에게 너무 아기때 언어를 사용하지 않았는가?
둘째, 아이가 단어로 물어볼 때 완전한 문장으로 대답해주었는가?
셋째, 그때그때 아이의 요구에 바로 응했는가?

아이가 자라서 의사를 표현할 수 있을 때가 되면 아기 때 부모가 사용했던 언어는 가급적 사용하지 않는 것이 좋다. 3세가 지날 무렵까지 아이는 발음이 부정확하다. 이때 아이의 발음을 일일이 지적하고 교정하면 아기는 말에 흥미를 잃어버린다.

아이가 의사표현을 제대로 하게 될 즈음에는 어른을 대하듯이 정확한 말로 아이와 대화를 나눈다.

아기가 단어로 물어보더라도 완전한 문장으로 대답해 준다. 일상생활에서 단어만을 말해도 의사전달에는 큰 무리가 없다. 아이도 흔히 "맘마" "어부바" 등 간단한 단어로 의사표현을 한다. 이때 엄마의 역할이 중요하다. 아이가 "맘마"라고 말을 하면 엄마는 "응, 배가 고프다고?"라고 완전한 문장으로 대답을 해주어야 한다. 아이가 "어부바"라고 말을 하면 "엄마 등에 업혀 밖에 나가고 싶다고?"라고 완전한 문장으로 대답을 해주면 아기는 자연스럽게 올바른 문장을 익히게 된다. 이런 반복 훈련을 통해서 아이는 18개월 정도가 되면 아기의 언어를 어느 정도 벗어나게 된다.

아기의 요구에 그때그때 바로 응한다. 또래 아이들에 비해 말수가 적거나 말이 더딘 아이들이 있다. 이런 아이들을 살펴보면 공통점이 있다. 부모가 아이에게 지나치게 신경을 많이 쓰는 것이다.

아기에게 너무 많은 관심을 퍼부으면 아기는 마치 황제처럼 군림하며 자신이 필요한 것들을 채우게 되므로 굳이 자기표현을 할 필요성을 느끼지 못한다. 그렇게 되면 언어발달이 늦게 되므로 부모는 이 점에 유의한다.

아이가 울거나 요구하기 전에 밥이나 우유를 주고 아이가 나가자고 하기 전에 산책을 나가선 안 된다. 이는 아이가 자기표현을 할 기회를 박탈하는 것이다. 아이가 무엇을 표현하고자 할 때는 미리 앞서서 해주는 것보다 아이가 자신의 의사를 제대로 표현할 때까지 묵묵히 기다릴 줄 알아야 한다. 그러면 아이는 최선을 다해 자신의 의사를 표현하려고 노력하게 되고 이를 통해 자신의 생각이나 감정을 표현하는 법을 알게 된다. 이때 기억할 것은 아이의 표현이 부족하더라도 무시하거나 무리해서 고치려고 해선 안 된다는 점이다.

초등학교 1학년 딸아이를 둔 엄마입니다. 아이가 유난히 내성적인 편이에요. 그런데 요즘에는 더욱 말수가 적어지고 자기표현을 하지 않는데 학교에서 친구들과 잘 어울릴 수 있을까요?

말수가 적은 아이들은 자기표현도 잘 못한다. 과묵한 것이 장점이 될 때도 있지만 한창 재잘거리 나이에 아이가 말문을 닫는 건 원인이 무엇인지 반드시 살펴보아야 한다. 엄마나 아빠에게 심각한 불만이 있는 건 아닐까? 어느 날부터 부쩍 아이의 말수가 적어지고 자기표현을 하지 않는다면 아이와의 관계가 어떤지 하나하나 꼼꼼히 짚어본다.

부모들 가운데 아이의 행동이 마음에 들지 않으면 폭언이나 손찌검을 하는 부모가 있다. 이러한 행동은 아이를 의기소침하게 만들어 마음을 닫게 만든다. 부모에게 잔소리나 훈계를 듣기 싫어 책잡히지 않으려다 보니 자신도 모르게 말수가 줄어든다. 이는 부모의 잔소리나 훈계는 더 이상 듣기 싫다는 신호이다.

말수가 적고 자기표현을 하지 않는 아이를 보면 엄격한 부모를 가진 아이들이 많다. 교육적인 측면에서의 엄격함이 지나쳐 아이와의 관계가 경직된 것은 아닌지 부모의 자기점검이 필요할 때다.

☕ 8세 아들을 둔 엄마입니다. 평소 조용한 성격이지만 요즘 들어 부쩍 말수가 줄어들었어요. 선생님께서 물어보시면 겨우 "예" "아니오" 정도의 짧은 대답만 합니다. 아이 스스로 선생님께 말을 하는 일은 없고요. 또 친구들에게도 마찬가집니다. 친구가 말을 걸어오면 짧게 대답하거나 웃음으로 때우고 어른들이 물으면 그나마 대답도 잘 안 한답니다. 친구들과 어울릴 때도 보면 술래만 하는 식이고 친구들과 떠들고 웃는 밝은 모습을 볼 수가 없어요. 내가 뭘 잘못해서 아이가 이렇게 되었나 생각하면 가슴이 아파요.

부모와 별다른 갈등도 없는데 아이의 말수가 적어진다면 '아이와의 대화방식에 의문을 가져볼 필요가 있다. 아이와 사이가 좋을 때 대화하면 눈만 마주쳐도 웃음이 나온다. 이런 분위기에서는 어떤 조언을 해도 아이는 스스럼없이 받아들인다.

그러나 부모로서의 권위를 내세워 명령만 내리고 엄격하게만 대하면 아이는 대화를 회피한다. 집에서 대화를 회피하던 습관이 밖에 나가서도 굳어진 건 아닌지 살펴본다. 먼저 아이의 마음을 읽을 줄 알아야 한다. 지금 어떠한 생각을 하고 있는지, 어떠한 고민이 있는지 헤아리고 아이 편에서 공감하도록 노력한다. 아이와 대화를 잘 풀어나가려면 아이의 말을 잘 들어주어야 한다. 아이가 말하는 중간에 자르며 간섭하거나 결론부터 내리려고 해선 안 된다. 그저 아이의 말을 들으면서 중간중간 고개를 끄덕이며 공감해주면 족하다. 아이는 자신의 마음을 알아주고 다독거려 주는 부모에게 속마음을 표현하는 법이다.

아이들은 자기표현을 잘 하지 못한다. 더구나 속마음을 어떻게 표현해야 하는지 잘 알지 못한다. 묻는 말에 대답이 빨리 나오지 않는다고, 또 명확하게 자신의 의사를 표현하지 못한다고 야단치고 추궁하면 아이는 당황하여 더욱 헤매게 되고 종국에는 입을 닫는다. 아이가 하는 말에 답답하다는 표정을 감추지 않고 "좀더 알아듣기 쉽게 말해봐." 하는 식으로 아이를 무시해선 안 된다. 아이가 자존심에 상처를 입으면 더 이상의 대화가 어렵다. 때문에 부모는 아이의 말을 끝까지 들어주는 인내심을 가져야 한다.

말수가 적어지고 자기표현을 하지 않는 아이는 일상생활에서 자연스럽게 자기표현을 할 수 있게 가르친다. 이런 아이들은 대체로 생각이 많고 행동이 느린 편이다. 행동이 앞서는 아이들과는 반대로 자신의 행동이 어떤 결과를 가져올지 미리 예측하고 실행에 옮기는 스타일이다. 따라서 표면적으로는 주저하는 것처럼 보이지만 내면적으로는 자신이 하고자 하는 행동에 대한 밑그림을 부지런히 그리고 있는 것인지도 모른다.

발표를 잘하지 못할 때도 야단치고 추궁하기보다는 잘할 수 있다고 격려해주고, 조그만 일에도 칭찬을 아끼지 않음으로써 아이의 자존감을 높여주는 것이 부모가 제일 먼저 할 일이다.

자기표현이 부족한 아이를 보고 고집을 부리는 것이라 오해하는 부모들이 많다. 이런 오해는 아이와 더 멀어지는 결과를 초래한다.

아이의 말수가 눈에 띄게 줄어들었거나 자기표현을 잘하지 않는다면 아이와 더욱 많이 이야기를 나누는 기회를 만들고 자기표현을 하도록 이끈다. 텔레비전 시청 시간이나 컴퓨터 사용 시간 등에 대해 아이와 이야기를 대답을 하지 않을 수 없게 이야기를 유도하면 짧게나마 자신의 의견을 말할 것이고 시작은 그렇게 일상 속에서 자연스럽게 시작하는 것이 좋다. 그리고 점점 자기표현을 확대해 나가는 것이다. 책을 읽고 이야기를 나누어 보는 것도 좋은 방법이다.

말이 없는 아이들은 그렇지 않은 아이들에 비해 차분한 편이다. 일상 생활에서 자기표현을 잘할 수 있게 지도하면 그렇지 않은 아이들에 비해 훨씬 사려 깊고 남을 배려할 줄 아는 아이가 될 수 있다는 사실을 명심하자.

PART 3

부모를 미치게 하는 아이 행동에 숨겨진 비밀

자존감은 인생의 열쇠

아이 눈에 비친 세상은 온갖 문제와 두려움으로 가득하다. 아이 앞에서 부모가 무심코 나누는 대화도 아이의 마음에 씨를 뿌린다. 그 씨가 나중에 어떤 열매를 맺게 될지 생각하면 아이 앞에서 무심코 하는 말이나 대화도 신경을 쓰지 않을 수 없다. 아이는 부모라는 창을 통해 세상을 바라보고 자신을 신뢰하고 사랑하고 긍정하는 방법을 배우게 되는 것이다.

비판적인 말은 아이의 인생을 망치는 예언이다. 따라서 아무리 화가 치밀어도 아이 앞에서 해야 할 말과 하지 말아야 할 말을 구분해서 사용한다. 아이를 사랑한다고, 믿는다고 하는 애정표현은 아낄 필요가 없다.

아이에게 긍정적인 표현을 자주 해주자. 긍정적인 표현에는 놀라운 힘이 숨어 있다. 긍정적인 말은 아이의 속마음을 보듬어주고 자긍심을 형성하고, 자신 있고 당당하게 성장하도록 해준다.

아이는 부모가 자신을 대하는 태도를 보고 스스로 자존감을 만들어간다. 그리고 내 아이를 다른 아이와 자꾸 비교하기보다 있는 그대로의 아이를 믿고 인정하는 것, 이것이 바로 아이의 자존감을 높이는 열쇠일 것이다.

01 거짓말을 잘해요...

아이들은 가끔씩 황당한 거짓말로 부모를 놀라게 한다. 지인의 딸은 어릴 때 엄마가 야단을 치려고 하면 겁부터 먹고 아빠와 할머니에게 "엄마가 때렸어." 혹은 "엄마가 나 밥 안줘!" 하며 거짓말을 해서 당황한 적이 한두 번이 아니었다고 한다. 계모도 아니고 친엄마인데도 말이다. 아이가 식구들 앞에서 얼마나 심하게 거짓말을 했으면 아이 앞에서 엄마가 결국 눈물을 뚝뚝 흘렸다고 한다.

그 거짓말 잘하던 아이는 어떻게 되었을까? 부모님 공경하며 사는 훌륭한 딸로 성장했다.

아이들은 성장하면서 크든 작든 거짓말을 하게 된다. 아이가 거짓말을 했다는 사실을 알게 되면 부모는 당혹감을 감추지 못하며 큰 충격을 받는다. 그리하여 아이가 다시는 거짓말을 하지 못하도록 엄하게 다스리는 것이 대부분이다.

그러나 대부분의 부모들은 아이가 거짓말을 왜 하는지, 그 상황이나 원인까지 생각해 보진 않는다. 그래서 버릇을 고치겠다고 서둘러 혼내려고만 하는 것이다. 그런데 아이의 거짓말에 혼만 내고 원인을 파악하지 못하면 아이는 더욱 더 능숙한 거짓말로 부모에게 보답한다.

아이들의 거짓말은 크게 두 가지 종류로 구분된다. 거짓말인 줄 알고 하는 거짓말이 있고, 거짓과 진짜를 구분하지 못하는 거짓말이 있다. 전자의 경우는 문제가 심각해서 반드시 교육을 통해 바로잡아야 하지만, 후자의 경우는 성장 과정 중 누구나 겪는 발달과정으로 이해한다.

후자의 경우는 주로 인지력이 떨어지는 어릴 때 자주 나타난다. 한마디로 현실과 상상, 꿈과 실재 경험, 자신의 욕망과 현실을 명확히 구분하지 못하는 인지발달의 미숙으로 인해 발생하는 문제이다. 책에서 읽은 것과 현실을 구분하지 못하여 실제로 도깨비를 보았다고 착각을 한다거나, 선생님에게 엄마가 매일 자기를 때린다고 말하는 황당한 경우까지 있다.

다음은 일곱 살 정도의 아이들에게 흔히 볼 수 있는 사례이다.

어느 날, 아이들이 하원하려는데 갑자기 비가 내렸다. 우산을 가지고 온 아이도 있었고, 미처 준비하지 못한 아이들도 있었다. 지훈이는 우산을 가지고 오지 않았는데, 한 아이의 우산을 들고 자기 우산이라고 우겼다. 우산 주인 아이는 울면서 자기 것이라고 했지만 이름이 쓰여 있지 않으니 지훈이는 계속 자기 것이라고 우겼고 결국 싸움이 일어났다. 지훈이는 화가 나서 우산을 휘두르다 친구의 얼굴을 찌르고 말았다. 아이가 울자 하원 지도를 하던 교사가 놀라서 뛰어왔고 지훈이는 자기가 그러지 않았다고 거짓말을 했다. 다른 아이들이 지훈이가 친구의 얼굴을 다치게 했다고 교사에게 이르자 지훈이는 울면서 끝까지 자신이 하지 않았다고 잡아뗐다.

교사가 다시 한 번 물어봐도 마찬가지였다. 눈물까지 흘리며 사실을 부인하니 교사는 어쩔 수 없이 다친 아이의 얼굴에 약을 발라준 뒤 지훈이와 함께 버스에 태워서 집에 돌려보냈다.

지훈이는 남의 우산을 자기 것이라고 거짓말을 함과 동시에 감정을 조절하지 못해 친구를 때렸다. 이때의 자초지종을 부모가 알게 된다면 어떤 반응을 보일까? 거짓말을 한 것도 모자라 친구까지 때렸으니 화가 나서 아이를 심하게 다그칠 수 있다. 그러나 여기에서 조금 더 깊이 생각해볼 필요가 있다.

지훈이가 거짓말을 한 것은 두 가지 이유다. 우산이 없어서 비를 맞을 것 같은 상황이 싫은 것이 첫 번째인데, 친구들은 우산을 챙겨 왔는데 자기는 그러지 못한 것이 스스로 용납되지 않았던 것이다. 두 번째는 자신이 한 거짓말이 들통난 뒤의 상황에 대한 두려움이다. 지훈이가 끝까지 울면서 친구를 때리지 않았다고 말한 이유는 자신의 잘못을 덮기 위해서 혹은 혼나는 것을 피하기 위해서다. 자신도 모르는 새 자기방어기제가 작용한 것이다. 따라서 부모는 아이의 불편한 속마음까지 헤아려 줄 필요가 있다.

그 마음을 알고 아이를 지도하는 것과 거짓말은 무조건 나쁜 것이라고 흥분하여 아이를 혼내는 것 중 어느 것이 효과적일까?

거짓말한 아이를 비난하지 않는 것이 좋다. 아이를 심하게 야단치게 되면 아이는 자신이 한 행동을 더욱 감추게 된다. 따라서 아이의 마음을 먼저 헤아려 준 후 그 사실을 충분히 표현하고 나서 잘잘못을 가려준다. 실망한 기색이나 분노를 얼굴에 드러내지 않는 것도 중요하다. 아이가

'왜' 그런 행동을 했는가 따지기보다 '어떻게'해서 그런 행동을 했는지를 아이에게 물어본다. 이때 중요한 것은 아이의 이야기를 듣는 자세이다. 부모가 아이의 말을 들을 준비가 되어 있을 때 아이는 내면에 있는 이야기를 솔직하게 꺼내게 된다. 아이의 이야기를 듣고 나서는 반드시 "네가 솔직하게 이야기해줘서 엄마는 정말 기뻐."라는 말로 아이에게 믿음을 심어준다.

아이의 이야기를 들으면서 아이의 말을 믿고 진심으로 공감해주자. 아이의 입장이 되어서 공감을 하는 것은 아이의 거짓말을 줄이는 가장 좋은 방법이다.

"우산이 없어서 너만 비를 맞을 것 같아서 두려웠겠구나." 혹은 "선생님께서 네가 친구를 때린 것에 대해 혼내실까봐 무서웠던 거구나!"하고 마음을 알아주면 자신의 거짓말로 인해 움츠러들었던 아이의 마음이 열린다. 그런 다음 이렇게 말해주자.

"그런데 만약에 지훈이가 친구에게 우산을 빼앗기고 그 우산에 맞아 상처가 난다면 엄마는 정말 마음이 아플 것 같아."

아이가 입장을 바꿔 생각해 볼 수 있도록 하는 것이다. 지훈이는 친구에게 일어난 일이 자신에게 일어난다면 어떨까 생각해 보고 자신의 행동이 잘못된 것임을 깨닫게 될 것이다.

그런데 아이 스스로 자신의 잘못을 이미 알고 있는 경우가 있다. 이런 경우 다그치지 말고 자신의 잘못을 스스로 이야기할 수 있도록 격려해준다. 그리고 아이가 솔직하게 말했을 때, "네가 잘못은 했지만 솔직하게 이야기하고 잘못을 인정하는 모습이 정말 멋있구나!"라고 아이를 칭찬해 준다. 이처럼 입장을 바꾸어 생각해 보게 하고 아이의 솔직한 모습을 칭찬하고 격려해 주면 아이의 거짓말은 점점 줄어든다.

일곱 살 남자아이의 엄마입니다. 아이가 몇 개월 전부터 말을 자꾸 지어내고 거짓말을 합니다. 사소한 거짓말이어서 처음에는 말로 타이르다가 거짓말이 자꾸 늘어서 매도 들고 했는데 소용이 없네요.

아이가 하는 거짓말은 이런 것들입니다. 라면을 먹고 싶어서인지 유치원에서 먹지도 않은 라면을 먹었다고 이야기합니다. 그리고 유치원에서 칭찬 스티커를 자신은 10장 받고 친구는 9장 받았다고 천연덕스럽게 거짓말합니다. 유치원 선생님께는 크레파스를 손에 묻히면 엄마가 손바닥을 때린다고 말했대요. 이런 거짓말들이 수두룩해요. 사소한 거짓말이지만 자꾸 늘어나는 것 같아서 신경이 쓰입니다. 걱정이 되네요.

아이들이 거짓말을 하는 이유 중 하나가 현실과 상상을 구분하지 못하는 것이라고 앞에서 말했다.

취학 전의 아이들은 자신이 꾼 꿈도 실제로 겪은 일처럼 이야기하기 일쑤다. 또한 자신의 욕구를 위해 사소한 거짓말을 지어내기도 한다. 유치원에서 라면을 먹었다거나, 칭찬 스티커를 자신은 10장 받고 친구는 9장 받았다고 실제 있었던 일처럼 생각해서 이야기하는 것이다.

아이의 거짓말에는 아이의 욕구와 바람이 담겨 있다는 점을 간과해선 안 된다. 아이에게 무조건 이미 다 알고 있으니 솔직하게 말하라며 다그치면 아이는 속마음을 꽁꽁 숨기게 된다. 따라서 아이에게 '왜' 거짓말을 했는지 캐묻기보다, 필요한 것이 있을 때 솔직하게 말하면 원하는 것을 얻을 수 있다는 점을 깨우쳐준다.

때로는 아이가 악의적인 거짓말을 할 때도 있다. 이때는 단호하게 대처해야 한다. 이를테면 엄마의 지갑에서 돈을 가져간 것이 확실한데 계속 거짓말을 하거나 나쁜 습관으로 자리잡을 염려가 있는 행위에 대한 거짓말은 따끔하게 바로잡아 주어야 하는 것이다.

부모 스스로도 항상 솔직한 모습과 정직한 모습을 아이에게 보여주는 것이 중요하다. 아이를 대할 때 솔직하지 못하면 아이도 부모의 그런 모습을 닮게 된다.

02 말을 더듬어요···

연령에 따라 차이가 있지만 자신의 생각을 표현하는 것을 어려워하는 아이들이 많다. 아이들이 말을 횡설수설하거나 더듬거리는 것은 성장과정에서 얼마든지 있을 수 있는 일이다.

그러나 아이가 계속해서 그런 모습을 보이면 부모들은 덜컥 겁부터 난다. 또박또박 천천히 말해보라고 하면 조금 나아지는 것 같다가 또 그러면 전문가에게 데려가 상담을 받아야 하는 건 아닌지 갈팡질팡하게 된다.

말을 더듬는 아이에게 인상을 쓰며 똑바로 말하라고 야단을 치는 것은 문제해결에 전혀 도움이 되지 않는다. 오히려 아이를 불안하게 만들어 말을 더듬는 증상이 더욱 심해질 수도 있다.

4세 남자아이를 둔 엄마입니다. 성격도 적극적이고 말도 또래보다 잘해서 귀여움을 독차지하는 아이였습니다. 그런데 얼마 전부터 말을 더듬기 시작했습니다. 그때는 장난인가 보다 생각하고 그냥 웃어넘겼는데 '엄마' 할 때 '어어어엄마' 이런 식으로 계속 더듬는 겁니다. 잠깐 그러나 보다 생각했는데 주말에 하루 종일 집에 있어보니까 아이가 계속해서 말을 더듬네요. 생각이 필요한 질문이나 자기가 뭘 물어보려 할 때 특히 더 심한 것 같습니다. 천천히 말하라고 주문했더니 본인도 답답한지 아니면 겁이 나는지 하고 싶은 말이 있으면 귓속말을 합니다. 가슴이 철렁했습니다. 아이가 영원히 말을 더듬게 되는 것은 아닌가 해서요.

아이가 말을 더듬기 시작했다면 빠른 대응이 중요하다. '좀 더 크면 괜찮아지겠지'라고 생각하고 그냥 방치하면 어른이 되어서도 습관적으로 말을 더듬을 수 있기 때문이다.

아이가 말을 계속 더듬는다면 다음과 같이 해보자.

먼저 아이에게 천천히 말하라고 재촉하거나 아이의 말을 도중에 자르거나 답답한 나머지 미리 짐작해서 결론을 이야기해선 안 된다. 아이가 더듬거려도 자신의 말을 끝까지 할 수 있도록 인내심을 갖고 들어준다. 아이가 편안하게 말할 수 있는 분위기를 조성하는 것은 기본이다. 아이와 눈을 맞추고 '네가 무슨 말을 해도 다 받아줄 수 있어'라는 여유로운 표정으로 기다린다.

아이가 횡설수설하거나 말을 더듬으면 부모가 참지 못하고 끼어들거나 채근하게 되는데 그래선 안 된다. 아이의 말을 끝까지 들어주어서 불안감을 덜어주는 것이 중요하다. '우리 엄마는 내가 어떤 표현을 해도, 어떤 말을 해도, 날 사랑하시니까 받아줄거야!'라고 믿게 되면 아이의 말을 더듬는 상태는 놀랄만큼 호전된다.

유치원 홈페이지에 다음과 같은 글이 올라왔다.

안녕하세요? 아이가 올해 여섯 살입니다. 네 살 때부터 말을 조금씩 더듬었던 것 같은데, 요즘 들어 더 심해진 것 같아요. 아들이 저를 닮아 성격이 급한 편이거든요. 그래서 그런 거라고, '좀 크면 나아지겠지!' 하면서 계속 기다려보는데 좋아질 기미가 보이질 않습니다. "엄마, 오늘 마트에 가서 장난감 사주세요." 이 말을 '어어어엄마, 오오오늘 마마마마트에 가서 자자장난감 사주세요.' 이런 식으로 더듬거든요. 전문가의 도움을 받아 치료를 해야 되는 건지, 아니면 좀더 더 시간을 가지고 지켜봐야 하는 건지, 답답합니다.

아이가 말을 더듬는다면 먼저 부모 자신부터 돌아볼 필요가 있다. 성격이 급해서 무엇이든지 빨리 처리하려고 하지는 않았는지, 아이의 말을 중간에 자르거나 아이가 사소한 실수를 했을 때 마치 큰 잘못을 한 듯이 야단치지는 않았는지 되돌아본다. 아이는 스펀지처럼 부모의 모든 것을 흡수한다. 아이의 문제는 대부분 부모에게서 파생된 것이 많다.

아이가 부모의 어떤 점을 캐치하며 자신의 나쁜 습관으로 사용하고 있는 걸 보면 부모들의 말조심 행동조심은 아무리 해도 지나치지 않다. 문제를 파악하여 지도를 해도 아이의 상태가 호전되지 않는다면 모든 것을 아이에게 맞추어 주는 것도 하나의 방법이 된다. 아이가 부담감을 가지지 않도록 편안하고 차분한 분위기를 만들어 주는 것이다. 먼저 아이를 정서적으로 안정시켜 주어야 아이는 자신감을 가지고 자신을 표현할 수 있다. 말을 더듬는 문제를 크게 확대하여 부모가 노심초사하면 그 불안은 그대로 아이에게 전달된다. 그러므로 부모는 아이에게 '더듬거리지 않고 말을 할 수 있다'는 믿음과 자신감을 길러주도록 노력한다.

아이가 말을 더듬을 때 다음 다섯 가지를 기억해서 지도해보자.

첫째, 먼저 아이 스스로 어떤 느낌일까 생각해 본다.

말을 더듬는 것은 심리적인 요인이 원인인 경우가 많다. 따라서 아이가 심리적으로 편안함을 느낄 수 있도록 따뜻한 관심과 세심한 배려, 진심어린 이해가 필요하다.

둘째, 제대로 말하라고 다그치지 않는다.

아이에게 제대로 말하라며 다그치게 되면 아이는 신경이 예민해진다. 특히 아이가 말을 더듬는다고 놀리고 누군가 따라하면 아이는 말을 하는 것에 대해 불안과 두려움을 가지게 된다.

셋째, 잘 듣고 천천히 대답하자

잘 들어주는 것이 매우 중요하다. 아이가 말을 횡설수설하든, 더듬든 말을 자르지 말고 끝까지 들어줘야 한다. 그래야 아이는 편안한 마음으로 천천히 이야기하게 된다.

넷째, 부모와 대화하는 시간을 늘인다.

아이의 모든 것은 부모와의 대화로 완성된다는 말이 있다. 아이를 변화시킬 수 있는 것도 부모와의 대화다. 아이와 함께 편안한 마음으로 여러 가지 이야기를 나누는 시간을 가져보자. 학교에서 어떤 일이 있었는지, 누구와 친한지, 어떤 음식을 좋아하는지, 요즘 고민은 무엇인지 알아보자. 아이의 이야기를 듣고 난 뒤 부모의 생각을 이야기해주자. 아이에 대해 아는 것이 많으면 대화도 그만큼 풍성해진다. 부모의 사랑과 믿음을 아이가 확인하는 것도 대화를 통해서다.

다섯째, 아이가 잘하는 측면을 부각시켜 칭찬한다.

대부분의 부모는 아이가 잘하는 면보다 잘못하는 면에 초점을 맞춘다. 그러다 보니 야단을 치거나 지적을 하는 횟수가 칭찬하는 횟수보다 많다. '칭찬은 고래도 춤추게 한다'는 말처럼 꾸중보다 칭찬이 아이를 성장으로 이끈다. 따라서 아이가 말을 더듬는 것에만 초점을 맞추기보다 아이가 잘하는 면에 초점을 맞춰 칭찬해 보자.

말을 더듬는 것에 촉각을 곤두세우면 아이는 긴장하여 더 심하게 말을 더듬게 된다. 어떤 아이는 부모의 관심을 계속 끌기 위해 일부러 말을 더 더듬는 경우도 있다.

부모의 관심과 사랑은 아이에게 용기를 주고 나도 할 수 있다는 자신감을 불러 일으킨다. 이럴 때 아이도 말을 더듬는 증상을 고쳐보려고 노력하게 되는 것이다.

아이가 말을 더듬더라도 지속적인 격려로 아이의 마음을 안정시켜주는 것이 좋다.

아이가 더듬거리는 말을 부드럽게, 간단하게 다시 표현해주는 것도 좋다. 아이가 "어어어엄마, 오늘 하학교에서 치치친구랑 놀기로 했어요."라고 말을 더듬으면, "아, 오늘 학교에서 친구랑 놀기로 했구나." 하고 간단명료하게 정리해 주는 것이다.

아이가 하고 싶은 말을 두서없이 늘어놓는다면 말을 하기 전에 조금 생각을 정리할 시간을 주는 것도 좋다. 무엇이든 부모가 기다려주어야 한다는 의미이다. 불안감이 큰 아이일수록 자신이 하려는 말, 자신이 표현하려는 욕구를 제대로 이야기하지 못한다.

아이가 말할 준비가 되었을 때, 이야기를 하는 것이 좋다. 하고 싶은 말이 그득할 때 자발적으로 하는 얘기와 부모의 종용으로 어쩔 수 없이 하게 되는 말은 다를 수밖에 없다.

03 저도 체면이 있어요···

정신과 치료 중에는 '체면 요법'이 있다. 일종의 위약(플라시보)효과로 아픈 사람에게 비타민을 약이라고 주면 그것을 먹고 나았다고 생각하는 것이다. 실제로 통증까지 없어진다고 하니 약을 먹었다는 믿음이 일시적으로 병을 낫게 하는지도 모른다.

성장기의 아이는 자존감도 무럭무럭 함께 자란다. 그런데 아이의 의사를 무시하거나 속마음도 모른 채 야단을 치면 자존감에 상처를 입는다. 부모가 아이를 인정하고 특히 친구들 앞에서 체면을 살려주면 아이는 자신감과 긍정적인 태도를 갖게 된다.

체면이란, 사전적인 의미로 '남을 대할 때 자신의 입장에서 이 정도는 지켜야 한다고 생각하는 모양새'를 뜻한다. 사람은 살면서 때때로 남에게 피해를 주기도 하고 원치 않았는데 나쁜 사람이 되기도 한다. 그 선 안에서 적당히 거짓말도 하고 마음에 없는 말도 하며 약속도 어기면서 살아간다. 하지만 그러는 와중에도 자신이 하고 있는 일의 옳고 그름을 판단하는 잣대가 마음속에 있다.

마음이 여릴수록 타인의 시선과 행동을 의식하며 살게 된다. 누군가 자신의 행동에 대해 지적하거나 훈계하면 마음이 여린 사람은 더 큰 상처를 입게 된다. 그러면 반발심이 생겨 상대가 더욱 싫어하는 행동을 하게 된다.

체면을 손상시키는 일은 자존심을 상하게 하는 일과 같다. 마음의 상처를 입게 되면 사람은 마음 문을 닫게 된다. 어떤 말로 설득하려고 해도 설득되지 않는다. 나를 아프게 한 사람의 말은 듣자마자 한쪽 귀로 흘려버리기 때문이다. 사람에게 있어 체면은 용의 '역린'과 같다. 아무리 순한 용이라고 하더라도 용의 턱 아래 거슬러 난 비늘을 건드리면 용은 그 사람을 해치게 된다.

대부분의 부모들은 아이에게도 체면이 있다는 사실과 그러므로 아이도 존중받아야 한다는 사실을 간과하기 쉽다. 그래서 아이가 잘못을 하거나 눈에 거슬리는 행동을 하면 가차없이 지적하고 훈계한다. 너무나 당연하게 여겨지는 이 일이 아이들의 체면을 손상시키고 자존감을 낮게 한다니 다시 생각해 볼 필요가 있다. 특히 친구들이 보는 앞에서나 많은 사람들 앞에서 잘못을 지적당하고 야단을 맞으면 아이는 멀리멀리 도망치고 싶을 정도로 수치심을 느낀다.

"우리 애는 아직도 구구단을 못 뗐어요."

"양치질을 얼마나 하기 싫어하는지 이가 엉망이에요."

"우리 애는 유치원 때까지 대소변을 못 가렸어요."

"우리 애는 말을 더듬어서 큰일이에요."

예사로 듣고 웃고 넘기는 것처럼 보이는 아이들도 사람들 앞에서 하는 엄마의 얘기에 상처를 받는다. 그러니 마음이 여리고 자존심이 아주 강한 친구들은 어떻겠는가! 부모의 체면이 중요하듯 아이의 체면 또한 무시할 수 없다. 아이를 완전한 인격체로 생각하고 평소 언행을 조심하는 것이 필요하다.

초등학교 2학년 형진이의 습관처럼 내뱉는 거짓말 때문에 엄마는 스트레스가 이만저만이 아니다. 언젠가부터 "숙제 다 했니?"라고 물으면 태연하게 "네, 다했어요."라고 대답하는데 확인해 보면 숙제를 시작도 하지 않았다. 그러면 형진이는 "아차, 깜빡했어요. 얼른 할게요."하며 숙제를 하곤 한다.

아이들은 그 순간을 모면하고 싶은 마음에 거짓말을 한다. 그 시기의 거짓말은 자라면서 자연스럽게 없어지기 때문에 크게 걱정하지 않아도 된다고 생각하는 형진이의 엄마는 아이를 매번 혼내지는 않았다.

그런데 어느 날 감정이 폭발했다. 엄마는 한꺼번에 싸잡아 형진이를 야단치고 추궁하고 말았다.

그런데 형진이의 반응이 평소와 달랐다. 평소 같았으면 "알았어요. 하면 되잖아요."하며 능청스럽게 넘겼을 텐데 상기된 얼굴로 말까지 더듬는 것이었다. 아이의 자존심을 상하게 한 것이다.

아이에게 과도하게 화를 냈다면 그 자리에서 바로 사과하는 것이 현명한 부모의 태도다. 형진의 엄마는 그 점을 사과했고 잔뜩 굳었던 형진의 얼굴도 풀렸다. 엄마는 때를 놓치지 않고 앞으로는 거짓말을 하지 말아 달라고 당부했고 형진은 약속했다.

적절한 순간에 아이의 체면을 세워 주면 엄마도 아이의 입에서 자신이 하고 싶은 말을 듣게 되어 좋고, 아이는 엄마와 기분 좋게 이야기를 마친 데다가 자신이 생각해 낸 해결책이 받아들여져서 더 기쁘다.

자신의 치부는 자신이 제일 잘 아는 법이다. 아이도 마찬가지이다. 자신의 치부를 공격당했을 때 아이는 자존심에 큰 상처를 입는다. 이는 부모를 미워하고 원망하는 불씨가 된다.

부모가 아이의 체면을 고려하지 않고 끝까지 잘못만 추궁하며 구석으로 몰아붙이는 것은 위험하다. 그럴 때 아이는 '아, 나는 나쁜 아이구나!' '왜 나는 이것도 못할까!'와 같은 부정적인 자아상을 갖게 되기 때문이다. 부정적인 자아상을 갖게 된다는 것은 자신감을 잃어버린다는 것을 뜻한다.

다음은 인터넷에 올라와 있는 한 엄마의 사연이다.

초등학교 1학년인 제 딸은 남들보다 성장이 늦어 키가 많이 작은 편입니다. 운동과 학습 능력도 좀 떨어지고 겁도 많고 눈물도 많습니다. 하지만 학교 생활은 그럭저럭 해나가는 편입니다. 친구들 관계에서는 끌려 다니는 편입니다.

문제는 제가 그런 딸아이를 무시하는 경향이 많다는 것입니다. 아이의 말과 행동이 영 마음에 차지 않으니 화를 내고 심한 말을 할 때가 있습니다. "넌 왜 그렇게 멍청하니?"라는 말이나 "그렇게 하려면 차라리 때려치워!" 그리고 "꼴도 보기 싫으니까 집에서 나가!"와 같은 말을 하는 횟수가 점점 많아집니다. 아이에게 심한 말을 하는 제 자신에게 화가 나서 견딜 수 없습니다.

심한 말로 아이의 체면을 손상시키면 부모와 아이의 관계는 회복하기 어렵다. 아이는 엄마를 두려워하고 눈치를 보게 된다. 자신이 부족한 부분을 엄마가 케어해 주지 못하고 분노를 폭발시켰다는 것이 아이에게는 충격적으로 받아들여질 수도 있다. 세상에서 자신이 의지해야 할 엄마로부터 마음의 상처를 입은 아이는 자신감을 잃게 된다. 그리하여 당당하게 자신의 의사를 표현하지 못하는 사람으로 자라기 쉽다.

부모가 아이에게 해줄 수 있는 일 중에 자신감을 심어주고 자존감을 높여주는 일만큼 중요한 것은 없다. 건강한 자신감과 자존감만 있다면 아이는 인생의 어떤 난관도 극복해 나갈 수 있다. 자신의 열등감조차 장점으로 바꿔나갈 수 있는 것이다.

부모들 가운데는 아이를 다른 아이들과 비교하여 깎아내리는 경우가 왕왕 있다. 이는 아이의 체면을 심각하게 손상시키는 것이다. 아이를 다른 아이들과 비교하는 것은 옳지 않다. 누군가와 자신을 비교하는 것은 어른이나 아이나 모두 기분 나쁜 일이다. 자신도 잘하는 것이 있는데 그것은 인정받지 못한 채 다른 사람과 비교된다면 열등감과 반항심만 키우게 된다. 특히 동생과 비교하는 일은 피하는 것이 좋다.

아이의 실수에 "내 그럴 줄 알았어!"라고 말한다거나 "네가 하는 일이 항상 그렇지, 뭐."라는 말을 하게 되면 아이는 앞으로 무언가 하는 것을 두려워하게 될 것이다. 아무 일도 하지 않으면 실수나 실패도 없을 것이고 야단을 맞지 않는다고 생각할 수도 있다.

아이가 어떤 실수나 잘못을 하더라도 아이의 체면을 구겨서는 안 된다. 아이가 실수나 잘못된 행동을 하면 그 문제만 집중하여 얘기할 것이지 과거의 잘못까지 줄줄이 들고 나오면 안된다. 어떤 경우에도 아이의 체면은 지켜줘야 하는 것이다.

아이의 체면 살리기 교육법

미국 육아월간지 《페어런츠parents》는 아이의 체면을 손상하지 않고 '훈육'할 수 있는 방법을 소개했다. 아이의 체면도 살리고 교육적 효과도 얻는 '아이의 체면 살리기 교육법'은 아래와 같다.

첫째, 선택하게 한다

장난감 가게에서 두 살 난 아이가 떠나지 않으려고 고집을 피운다면 "네 발로 걸어 나가겠니, 아니면 엄마가 밖으로 끌고 나갈까?" 하고 묻는다. 결국 아이는 덜 창피하고 덜 피곤한 쪽을 선택할 것이다. 아홉 살짜리가 피아노 연습을 자꾸 미룬다면 아침과 방과 후 10분씩 할 것인지, 저녁 식사 후 20분을 할 것인지 선택하라고 한다.

둘째, 행동의 결과에 대해 책임지게 한다

아이가 음식점에서 메뉴가 마음에 안 든다고 하면 억지로 먹이지 말고 굶겨라. 집에 돌아와 배고프다고 투덜대면 과일 정도만 먹게 하고 따로 밥상을 차려 주지 않겠다고 분명히 말하라. 5세와 6세인 남매가 계속 칭얼대면 '짜는 소리'를 듣기 싫으니 방에 들어가 있다가 얌전하게 굴 준비가 되면 나오라고 말한다.

셋째, 한 번 더 생각하고 아이를 대한다

남의 집에 갔는데 다섯 살인 내 아이가 소파 위에서 뛴다. "소파가 부서져 다치기 전에 내려오는 것이 좋겠다"고 설명하면서 아이의 행동을 조용히 제지한다. 그래도 듣지 않으면 아이를 안아 올려 바닥에 내려놓는다. 다시 소파에 올라가 뛰면 즉시 집으로 데리고 온다.

넷째, 동기를 유발하거나 보상한다

"네 방을 청소하면 간식을 만들어 줄게." "조용히 하면 외출 때 데리고 갈게." 칭찬은 동기 유발의 가장 좋은 수단이다.
6세와 7세짜리 자매가 서로 곰 인형을 갖고 놀겠다고 싸운다면 큰애에게 "어제 네가 동생과 곰 인형을 사이좋게 30분씩 갖고 노는 것을 보고 엄마는 무척 기뻤단다" 하는 식으로 칭찬해 준다.

다섯째, 타이를 때도 사랑한다는 말로 시작한다

"엄마는 너를 무척 좋아하는데 계단에서 뛰어 놀다가 다칠까 걱정된다." 사랑과 관심을 먼저 보여준 뒤 '잔소리'를 하라.

04 이기적이고 잘난 척이 심해요...

다섯 살 남자아이인데요. 눈에 보이는 모든 것이 자신의 것이라고 소리 지르고 떼를 쓰기 때문에 집안 행사에 참석하기가 힘들어요. 형제도 없이 외동이어서 이기적인 아이가 될까봐 신경 써서 키웠는데, 지금 아이의 모습이 너무 당혹스러워요. 혼내고 벌을 주고 때리기도 하는데 시간이 지나면서 점점 더 심해지는 것 같아요.

정부의 출산장려 정책에도 불구하고 저출산 현상이 지속되고 있는 상황에서 각 가정에 한두 명 있는 아이들은 너무나도 소중한 존재다. 특히 한 명의 아이를 둔 가정에서는 모든 것이 아이 중심으로 돌아가고, 그러다 보니 아이들의 자기중심적인 성향이 강하게 나타난다.

요즘 아이들의 공통점은 이기적이고 잘난 척이 심하다는 것이다. 특히 자기 자신만 알고 남을 존중하고 배려할 줄 모른다. 자신의 행동이 사람들에게 어떤 피해를 주는지, 어떤 결과를 초래하는지 관심없다. 오로지 자기 자신의 욕망에만 관심이 있을 뿐이다.

자기중심적인 아이들은 상대의 말을 귀 기울여 듣지 않기 때문에 자신의 문제가 무엇인지 잘 모르는 경우가 많다. 따라서 꾸준하고 세심한 지도가 요구된다. 경험에 비춰보면 이기적이고 잘난 척이 심한 아이는 부모로부터 남을 배려하고 존중하는 태도를 배우지 못한 경우가 많다.

부모 역시 아이를 대할 때 존중하고 배려하기보다는 지나치게 일방적이었거나 아이의 욕구와 표현을 무시했을 것이다. 아니면 지나치게 과보호했거나!

☕ 여섯 살 여자아이를 둔 엄마입니다. 우리 아이는 뭐든지 자신이 먼저 가져야 직성이 풀립니다. 유치원에서도 자기 것은 움켜쥐고 친구가 가지고 있는 장난감이나 사탕을 억지로 빼앗거나 선생님을 독차지하려고 합니다. 그리고 친구들과 역할 놀이를 할 때도 무조건 자기가 제일 좋은 역할을 하려고 합니다. 아이가 양보도 잘하고 친구들과 원만하게 지냈으면 좋겠는데 어떻게 하면 좋을까요?

아이의 자기중심적인 성향이 너무 강해 혹여 유치원이나 어린이집, 학교에서 문제를 일으키지 않을까 걱정하는 엄마들이 많다.

실제로 왕따를 당하는 아이들에게서 이런 모습을 발견하기도 한다. 아이들은 단순해서 협동심이 없고 자기만 아는 아이는 무조건 배제하는 경향이 있는 것이다. 친구들과 좋은 관계를 유지하기 위해선 상대를 존중하고 배려하는 모습을 가르쳐야 한다.

먼저 아이가 자기중심적인 성향을 띠게 된 원인부터 살펴보자.

첫째, 아이가 너무 미성숙하여 자기중심적인 사고를 벗어나지 못해 다른 사람들의 요구나 주장을 받아들이거나 이해하지 못하는 경우.

둘째, 아이를 지나치게 응석받이로 키워서 자신이 세상의 중심이고 모든 사람들이 자기 생각과 요구를 들어줄 거라고 믿는 경우.

셋째, 부모나 교사의 양육과 보살핌이 부족하다고 느끼고 자신이 스스로 챙길 수밖에 없다고 생각하는 경우.

부모나 교사를 비롯한 가까운 사람들의 모델링을 통해 적극적으로 아이의 변화를 꾀한다. 여기서도 부모의 태도가 가장 중요하다. 부모가 자기 아이만 감싸고 돈다면 아이도 똑같이 그 모습을 따라 배우게 된다. 주변 이웃이나 친구들을 대할 때도 부모가 상대를 존중하는 모습을 보인다면 아이는 마음속에 그 장면을 담는다.

또한 부모가 아이를 대할 때도 마찬가지이다. 부모가 아이를 하나의 인격체로 대하고 존중해 준다면 아이 역시 남을 무시하지 않고 존중하게 된다. 아이에게 사람은 혼자 살 수 없고 서로 도와가며 살아야 하는 사회적인 존재임을 알려준다. 사람은 서로 다르다는 것과 그 다름을 받아들이는 것이 성숙한 태도임을 주시시킨다.

아이의 요구를 무조건 다 들어주거나 반대로 철저히 무시하는 부모가 있다. 무엇이든 극단적으로 치우치는 것은 바람직하지 않다. 아이의 뜻을 존중하되 현실적으로 가능한 범위를 알아서 그 한계를 받아들이도록 지도하는 것이 좋다.

아이에게 자신의 행동이 주변에 미칠 영향에 대해서도 이야기해 준다. 아이들은 자신의 행동이 얼마나 자기중심적인지 또 제멋대로인지 잘 모른다. 그러므로 희망적이다. 개선의 여지가 있으니까.

평상시 생활 속에서 부모가 좋은 본보기를 보여주는 것은 최고의 교육이다. 아이와 함께 있을 때 부모가 느끼는 감정이나 다른 사람들이 느꼈을 감정에 대해 입장을 바꿔서 생각해보는 시간을 갖는 것도 유익하다. 친한 친구들과 자주 어울리는 사이 아이는 자신도 모르는 새 사회생활에 필요한 규범과 매너를 배울 수 있다. 어쩌다 친구들과 갈등이 생기더라도 그 안에서 조정하고 타협하는 법을 알게 된다.

만일 아이가 계속 자기 멋대로 하겠다고 고집을 부린다면 그런 행동의 결과가 어떤 것인지 대화를 통해 알려 준다. 아이에게 부족한 부분이 있다면 그 부분을 채우는 쪽으로 유도하는 것이다.

일곱 살의 남자아이를 둔 엄마로부터 다음과 같은 메일을 받았다.

우리 아이는 공부로나 뭐로나 어디를 가도 빠지지 않습니다. 아니 뛰어나고 영리하다는 말을 자주 듣습니다. 그런데 친구들에게서 그리 환영을 받는 것 같지는 않아요. 우선 말투가 어색할 정도로 어른스러워서 잘난 척하는 것처럼 보입니다. 예를 들어 어린 것이 "그 정도야 당연히 할 수 있죠."라는 식으로 말을 합니다. 선생님들도 아이를 그리 예뻐하는 것 같지 않습니다.

발표하는 시간에도 계속 손을 들고 있고, 하고 싶은 말도 너무 많고, 목소리도 너무 커서 아이들이 깜짝깜짝 놀랄 정도입니다. 입버릇처럼 "너무 나서지 마라. 참견하지도 말고! 그리고 친구가 실수를 해도 감싸주어야 해!"라고 일러주어도 귀담아 듣지 않고 제 말만 합니다. 어떻게 해야 할까요?

칭찬의 남발은 아이를 잘난 척하게 만드는 결과로 이어질 수 있다.

아이를 칭찬할 때에는 결과 중심이 아닌 과정 중심의 칭찬 방식을 택

하는 것이 좋다. '보이는 결과'보다, '노력해서 목표를 이루려고 한 과정'을 칭찬해 주는 것이다. 이때 칭찬은 구체적일수록 좋다. 예를 들어 "놀고 싶었을 텐데 꾹 참고, 열심히 공부해서 좋은 성적을 얻었구나. 정말 장하다!"라고 칭찬하는 것이다. 과정이 충분(아이가 성실하게 노력했을 때)했다면 결과에 상관없이 칭찬해 주고 마지막에 살짝 아쉬움을 표하는 것도 좋다. 아무튼 아이가 너무 결과에만 매달리지 않도록 유념한다.

잘난 척이 심한 아이라고 해서 윽박지르거나 야단쳐서 자존심에 상처를 주어선 안 된다. 아이가 자만에 빠지지 않기 위해서는 실패의 경험도 필요하다. 인생에는 성공도 있고 실패도 있다는 것을 일찍부터 가르치는 것이다. 실패를 인정하는 것도 용기고 다시 도전하는 것도 용기며 이를 세상에서 가장 아름다운 것이라고 말해 준다.

자기중심적인 사고를 지닌 아이에게 '이기적인 아이', '잘난 척이 심한 아이'가 나오는 동화책을 활용하는 것도 좋다. 주인공이 자신과 비슷한 특성을 지니고 있다면 아이는 더 큰 관심을 보일 것이다. 책이나 영화를 통한 교육은 아이에게 더욱 생생한 정보로 전달된다. 또 자신과 상대의 입장을 바꿔서 생각해 볼 수 있는 좋은 기회가 된다.

아이와 친구놀이를 하면서 부모가 아이가 되고, 아이는 자신이 좋아하는 친구가 되어 역할놀이를 해보는 것도 좋다. 역할을 바꿔보는 것 이상으로 상대를 잘 이해할 수 있는 효과적인 교육방법도 없다.

마지막으로 아이의 요구를 무조건 수용하기보다는 적절하게 구분하여 일관성 있게 지도하는 것이 필요하다.

Tip 아이의 이기적인 행동에 대한
부모와 교사의 행동 수칙

1. 아이에게 관심과 사랑을 주어
   타인을 배려하려는 계기를 경험하게 해줄 것.
2. 아이가 자신의 행동을 수정할 수 있도록
   좋은 본보기를 보여줄 것.
3. 아이의 요구를 들어주게 되는 예외 상황을
   반복해서 만들지 않을 것.
4. 이기적이 행동에 무조건 훈계하기보다는
   자신의 행동에 대한 결과와 사회적 행동의 중요성에 대해 얘기해 줄 것.

05 친구의 부탁을 거절 못해요···

타인을 위한 배려는 조화로운 관계를 만드는 미덕이다. 그러나 너무 지나친 배려는 서로에게 심한 스트레스를 가중시킨다.

살다보면 다른 사람에게 도움을 요청하기도 하고 때로 도움을 베풀기도 한다. 도움을 주고 도움을 받으면서 관계가 돈독해진다.

그런데 마음이 너무 약해서 그 어떤 부탁도 거절하지 못한다면 문제가 된다.

할일이 산더미인데 부탁을 거절하지 못해 또 일을 보태고는 후회하고 한숨 짓는 사람이라면 누군가를 만나는 것도 겁이 날 것이다. 이런 사람들에게는 한 가지 공통점이 있다. 어릴 때부터 친구의 부탁을 거절하지 못했다는 것이다. 따라서 어릴 때의 그런 행동이 반복되어 자신도 모르게 몸에 밴 것이다.

사람들이 상대의 부탁을 거절하지 못하는 이유는 그를 실망시키는 것도 두렵고 좋은 사람으로 계속 보이고 싶은 욕망 때문이다. 지금껏 형성해온 좋은 이미지를 가급적이면 그대로 유지하고 싶은 것이 사람의 욕심이다. 그러나 언제까지나 그럴 수는 없는 노릇이다.

사정이 여의치 않을 때는 정중하면서도 분명하게 거절하는 것이 서로를 위한 일이다. 부탁을 거절하지 못해 내 일까지 망쳐선 곤란하지 않은가.

자존감이 낮은 아이들은 양보하며 지내라는 말을 친구의 부탁을 무조건 들어줘야 한다는 뜻으로 받아들이기도 한다. 친구의 부탁을 거절하지 못하고 억지로 받아들여서 받는 스트레스의 강도는 생각보다 심각하다.

상대를 배려하는 마음, 특별한 일이 없으면 친구의 부탁을 들어주는 것이 좋지만 상황이 그렇지 않을 때는 당당하게 거절하는 것도 현명한 행동이다. 하기 싫은 데도 불구하고 친구가 자신을 미워하게 될까봐 억지로 부탁을 들어주면 그 친구와의 관계에도 안 좋은 영향을 끼친다.

친구가 괴롭히거나 부당한 요구를 해오면 명확하게 자신의 뜻을 밝힐 줄 알아야 한다. 지나친 양보 또한 자신이나 친구에게 독이 될 때가 있는 것이다. 화를 표현하는 방식은 아이마다 다르다. 지나치게 공격적으로 반응해도 좋지 않지만 부당한 상황에 가만히 있는 것도 문제다. 그대로 방치해두면 전자는 자기만 아는 자기중심적 성향으로 자랄 가능성이 높고 후자는 자존감이 낮은 아이로 성장할 가능성이 높다.

내 아이가 친구의 부탁을 거절하지 못하는 유형이라면 평소 아이에게 도덕적인 면을 지나치게 강요하지 않았는지 살펴본다. 양보심과 배려심도 좋지만 그것이 아이를 옥죄는 강박관념으로 작용하지 않도록 주의를 기울인다.

네 살 남자아이의 어머니가 상담을 청해 왔다.

친구들에게 양보를 잘해요. 그런데 때로는 강요에 의한 양보여서 아이가 스트레스를 받을 때가 있어요. 친구가 때려도 가만히 있는 건 분명 문제가 있는 것 아닌가요? 오죽하면 제가 아이에게 "그냥 너도 때려!"라고 할 지경이라니까요.

어머니는 네 살 밖에 안 된 아이를 '다 큰 아이'로 생각하고 있었다. 최근에 아이가 유치원에서 용변 실수를 한 적이 있는데 큰 충격을 받은 것 같았다.

사실 아이들은 언제나 실수를 달고 산다. 네 살짜리가 살짝 실수하여 여벌 옷을 갈아입은 것이 무슨 큰 대순가.

나는 어머니에게 이렇게 조언했다.

"어머니, 이제 50개월이 된 유아예요. 어른이 아니고! 그런 실수 한 번 안하고 유년시절을 건너뛰면 너무 재미없잖아요?"

그 후 지속적인 관찰과 상담으로 아이는 자신의 의사를 분명하게 전달할 줄 아는 아이로 변해 갔다. 그동안 싫고좋음 가운데 특히 싫음에 대한 의사 표현을 못 하던 아이가 '난 이런 거 싫어해!'라고 당당하게 말했다. 자신도 모르는 새 싫은 것을 싫다고 웃으며 말하는 자존감 높은 아이로 변화한 것이다.

친구에게 한 대 맞고도 가만히 있는 아이에게는 "너도 때리라!"고 말하기보다는 "친구가 장난을 치다가 때렸구나. 속상했겠다." 등의 말로 아이를 위로한 뒤 때린 친구에게 어떻게 말해야 하는지를 아이와 함께 고민해 본다.

"친구가 실수로 때렸나 보다. 하지만 참기만 하면 그 친구는 네가 불편해하는지 모르고 계속 장난을 칠거야. 그러니 그때의 상황을 친구에게 말해줘. 앞으로 조심하게!"

부모들은 친구의 부탁을 거절하지 못하는 아이를 보며 '순한 아이', '얌전한 아이', '착한 아이'라고 착각한다. 친구의 부탁을 거절하지 못하는 것을 내 아이가 순하고 착하다고 좋게만 생각하는 것이다.

그러나 아이가 분명하게 의견을 내세울 일에도 뒤로 물러나고 양보만 한다면 결코 바람직하지 않다. 말 잘 듣는 아이가 어떤 면에서 위험한 것처럼 이런 아이는 자존감이 낮은 아이로 자랄 가능성이 높다. 아이가 계속 이런 성향을 띤다면 부모는 자신의 양육 태도를 돌아보고 아이에게 필요한 것이 무엇인지 고민해봐야 할 것이다.

06 엄마 말을 잔소리로 들어요 ···

초등학교 5학년인 제 딸은 이유도 없이 짜증을 부립니다. 제가 무슨 말을 하면 잔소리로 생각하고 들으려고도 하지 않습니다. 학교가 끝나면 곧바로 집으로 오지 않고 친구와 시간을 보내다가 들어옵니다. 집보다 친구가 더 좋다고 말합니다. 학교에 갔다와서도 엄마는 본척 만척 제 방으로 쏙 들어가 버립니다. 어떻게 하면 아이와 많은 대화를 나눌 수 있을까요?

아이와의 관계가 친밀하지 못한 부모들을 보면 칭찬보다 야단을 많이 친 경우가 많음을 알 수 있다. 아이를 자주 나무라면 아이의 마음의 문은 닫히고 만다. 엄마아빠와 이야기해 봐야 싫은 말만 들을 것이 뻔하기 때문이다.

그래도 꼭 해야겠다면 비판적인 말보다는 애정어린 말을 많이 해준다. 물론 부모는 아이에게 이것저것 해주고 싶은 말이 많다. 그런데 아

131

이가 부모의 말을 가르침이 아니라 잔소리로만 받아들이는 것이 문제다. 부모가 해주는 말은 공허한 외침이 되고 아이와의 소통은 쌍방통행이 아닌 일방통행이 되고 만다.

사실 부모들은 아이를 사랑하면서도 아이의 행동에 대해서는 비판적이고 부정적인 시각을 가지고 있다. 아이에게 그만큼 기대하는 것이 많다는 이야기다.

처음엔 좋은 의도로 대화를 나누는데 중간에 이야기가 삼천포로 빠져 대화는 결국 엄마의 일방적인 잔소리로 끝나는 때가 많다.

어른의 경우도 다르지 않다. 말이 많고 잔소리가 많은 직장상사는 기피순위 1위다. 그러니 아이는 어떻겠는가. 자신을 신뢰하고 사랑한다고 믿고 있는 부모가 대화할 때마다 얼굴빛이 변하여 잔소리만 해댄다면 아이는 부모와의 대화를 피하게 된다. 대화란, 서로의 마음을 솔직하게 나누고 이해하는 것이다. 아이에 대한 편견이나 섣부른 판단을 밀쳐두고 부모는 '교감'에 초점을 맞춘 대화를 하기 위해 노력한다.

절대 아이를 가르치거나 훈계하려 들어선 안 된다. 아이의 말을 중간에 끊지 말고 충분히 들어주는 자세도 중요하다. 나이를 떠나 누군가 나의 말을 비판 없이 들어준다면 우리는 그 사람에게 친밀감을 느끼게 된다. 그에게는 허심탄회하게 나의 이야기를 모두 털어놓고 싶다. 부모가 먼저 자녀에게 그런 편안한 존재가 되어주어야 하는 것이다.

아이의 말을 중간에 끊고 비판적인 말이나 훈계를 늘어놓으면 아이는 부모가 자신을 신뢰하지 않는다고 여기게 된다. 한번 닫힌 아이의 마음을 다시 열기는 어렵다.

부모들은 이상하게 아이의 존재 전체를 마음대로 규정하고 판단해 버리는 듯한 말을 자주 입에 올리게 된다.

"네가 어쩐 일이니? 해가 서쪽에서 뜨겠다."

"엄만 이제 네 말은 콩으로 메주를 쑨대도 믿지 않기로 했다. 엄마를 한두 번 속였니?"

"네가 무슨 일을 하겠니? 그냥 가만 있는 게 엄마를 도와주는 거야."

존재를 부정하는 듯하고 부정적인 얘기를 많이 듣고 자란 아이는 무의식 속에 '나는 열등한 아이!'라는 생각이 각인된다. 부모의 말 한마디 한마디에 아이의 미래가 달려 있다는 사실을 명심한다. 아이는 부모가 던지는 그 메시지를 자신의 '믿음'으로 받아들여 앞으로 경험하는 일마다 그 믿음을 적용하게 된다. 아이들은 부모가 말한 대로 자란다는 말이 있다. 내 아이가 성공적인 인생을 살기 바란다면 부모의 대화법부터 바꾸는 것이 좋다.

어느 해 여배우 조디 포스터는 아카데미 여우주연상을 받은 뒤 수상 소감에서 어머니에게 감사한다고 말했다. 조디 포스터의 어머니는 그녀가 어릴 때 자주 자신감을 심어주었다.

"네 그림은 피카소 못지않아. 그러니 자신감을 가지렴."

어머니의 이러한 말은 어린 그녀에게 자신감을 심어주었다. 그리하여 그녀는 자신의 능력을 온전히 믿을 수 있었고 뛰어난 연기로 표현할 수 있었다. 어렸을 때 자주 들었던 어머니의 칭찬은 그녀로 하여금 아카데미상을 두 번이나 받게 했다.

그녀가 만일 어머니로부터 비판적인 말을 자주 들으며 자랐다면 어땠을까?

"이것도 그림이라고 그린 거야?"

"딴 짓 좀 하지 말고 숙제나 제대로 해."

"너는 커서 뭐가 되려고 하는지."

부모의 비판 일변도의 말은 아이의 자존심에 상처를 입히고 자존감을 떨어뜨린다. 언제 타인에게 거부당할지 모른다는 염려 속에서 자신의 속마음을 표현하는 걸 꺼리게 된다. 무심코 던지는 부모의 말이 아이에게 큰 영향을 끼칠 수 있다는 사실을 언제나 명심한다. 전문가들은 어떤 의미에서 폭언의 강도가 신체적인 학대보다 더 심하다고 말한다.

아이의 행복은 부모에게서부터 시작된다. 공감과 긍정으로 아이를 밝은 길로 인도하는 것이 부모의 의무다. 비판적이고 부정적인 시각부터 내려놓자.

아이를 야단칠 때 오래 전 일까지 들춰내는 엄마가 많다. 그러려고 한 것이 아닌데, 말을 하다보면 지난 일들이 줄줄이사탕처럼 딸려나온다. 아이들은 엄마의 이 버릇에 귀를 막는다.

'너는 아무리 노력해도 안 돼, 근본적으로 잘못된 아이야!'

아이는 이해할 수 없는 엄마의 그 버릇을 이렇게 받아들이게 된다.

아이를 혼낼 때는 또, 항상, 언제나라는 단어를 피하는 것이 좋다. 이 단어들은 과거의 잘못까지 들춰내게 하는 위험한 단어들이다. 현재의 문제에만 초점을 맞춰 지금 당장 아이에게 꼭 필요한 말만 해야 하는데 이상하게 많은 부모들이 비슷한 실수를 반복한다.

다음은 4단계로 표현하는 자녀와의 공감 대화법이다.

첫째, 관찰한 사실 위주로 말한다. 아이와 대화를 시작할 땐 직접 확인한 사실만을 말하는 게 중요하다.

둘째, 부모가 바라는 걸 말한다. 부모가 걱정하는 이유는 아이에게 바라는 게 있기 때문이다. 그 바람을 있는 그대로 아이에게 표현한다.

셋째, 부모의 솔직한 마음을 말한다. 화부터 내지 말고 마음속에 담고 있는 걱정을 있는 그대로 표현하는 것이 중요하다. 부모의 화는 아이에게 또 다른 분노를 심어주게 된다.

넷째, 부탁을 구체적인 것으로 한다. 아이가 해주길 바라는 행동을 구체적으로 표현한다. 강요와 부탁은 다르다. 명령조로 말하지 말고 "이렇게 해주겠니?"하고 부드럽게 말한다.

내 아이에게 긍정적인 말과 애정 표현을 자주 해주자. 긍정적인 표현에는 놀라운 힘이 숨어 있다. 긍정적인 말은 아이의 속마음을 보듬어주고 자긍심을 형성하고, 자신 있고 당당하게 성장하도록 견인한다.

07 엄마와 서먹해요···

최근 20개월 된 아기 엄마에게서 다음과 같
은 질문을 받았다.

☕ 모유 수유에 실패해서 분유만 먹이고 키우다 부모님이 계시는
곳으로 이사해서 자주 왕래를 하며 지내고 있습니다. 낯가림은 심한 편이
어도 아이는 할머니 할아버지는 잘 따랐어요. 엄마가 없어도 찾지도 않고
잘 논다고 합니다. 오히려 잠이 오거나 요구사항이 있으면 할머니와 할아
버지한테 붙어서 칭얼거리죠. 제가 요즘 둘째를 임신 중인데 걱정이 앞서
네요. 아기까지 낳으면 첫째와는 더 멀어질 텐데! 아이가 저를 보고도 서
먹하게 구니 앞으로 우리 모녀 괜찮을까요?

아이와의 관계가 서먹하거나 소통이 되지 않는다며 걱정하는 부모들
이 적지 않다. 무엇이 잘못된 것일까?

갓 태어난 신생아는 엄마 품에서 자라며 밀착된 관계를 형성할 수밖에 없다. 엄마의 건강이나 심리상태가 아기에게 많은 영향을 미친다는 것은 두말할 나위도 없는 사실이다. 엄마의 양육 태도는 아이의 심리적인 안정감과 정서에 지대한 영향을 미친다.

이건희 삼성그룹 회장은 어린 시절 방 4개가 딸린 집에서 부모님과 3남 5녀의 형제, 일꾼 등 모두 열다섯 식구가 생활했다고 한다. 워낙 식구가 많은 탓에 젖을 떼자마자 어린 건희는 경남 의령의 친할머니에게로 보내졌다. 그는 갓난아기 때부터 친할머니와 함께 생활한 탓에 친할머니를 어머니라고 부르며 자랐다. 그러다 네 살 무렵이 되었을 때부터 어머니의 손에서 컸는데, 그는 매우 혼란스러웠다. 할머니를 어머니라고 여기고 있었는데 새로운 젊은 어머니가 생겼기 때문이다.

그는 남들과 어울리기보다 혼자서 무언가 하는 것을 좋아하는 아이로 성장했다. 그가 내성적인 아이로 성장하게 된 데는 어린 시절 부모와 떨어져 지낸 영향이 클 것이다.

아이는 부모의 끊임없는 관심과 사랑을 필요로 한다. 특히 엄마의 젖을 먹고 자라는 영아기에는 엄마와 엄청난 밀착관계가 형성된다. 엄마는 아기에게 신뢰감, 안정감 그리고 좋은 자아개념을 익히는 데 영향을 준다. 아기는 자기를 보살펴주는 지극한 손길을 느끼며 무럭무럭 자라난다. 이 중요한 시기에 엄마와 떨어져 지내게 되는 아이는 영문도 모르고 가장 소중한 것을 빼앗기게 되는 것이다. 이때 애착관계가 제대로 형성되지 못하면 아이와 엄마는 멀어지거나 소통이 단절될 수밖에 없다.

프로이드를 비롯한 많은 심리학자들은 "생후 첫 몇 년간의 사건이 그 후 전 생애에 절대적으로 중요하다."고 강조한다. 특히, 심리학자 E. 에릭슨은 "태어나서 처음으로 경험하게 되는 1, 2년 동안 아이는 기본적인 신뢰감을 형성한다."고 강조하며, 만약 이 시기에 아이가 신뢰감을 갖지 못하면 이후에도 신뢰감을 형성하기 어려울뿐더러 세상에 대한 부정적인 사고와 불신감을 갖고 자라게 된다고 말했다. 아무것도 모르고 누워 있는 아기 같은데 아기는 그 조그만 몸으로 스펀지처럼 중요한 것들을 흡수하고 있는 것이다.

어머니들로부터 아이와 긍정적인 애착관계를 형성하기 위해 어떻게 해야 하는지에 대한 질문을 받는다. 나는 긍정적 애착 관계는 부모의 작고 사소한 실천에 달렸다고 생각한다. 예를 들어 아이가 엄마에게 보내는 작은 신호도 놓치지 않고 아낌없는 사랑을 표현하는 것이다.

아이와의 애착관계를 형성하기 위해서는 아이와 많은 시간을 함께 보내는 것이 중요하다. 요즘은 맞벌이 부부가 늘어나면서 부모가 아이와 함께 보내는 시간이 현저히 줄어들었다.

그러나 부모와 아이가 함께하는 시간은 양보다 질이 더 중요한 법이다. 아이와 하루 종일 함께 있으면서 아이를 방치해 두기보다는 짧은 시간이라도 아이와 눈을 맞추고 이야기하고 함께 놀아주고, 안아주고, 쓰다듬어 주고, 함께 자는 등 스킨십을 많이 해주는 것이 좋다. 아이가 자라면서 말썽을 부려도 무조건 야단치기보다 왜 그런 행동을 할 수밖에 없었는지에 초점을 맞추면 문제는 풀린 것이나 다름없다.

아이가 칭찬받을 만한 행동을 했을 때는 즉각적으로, 그리고 구체적인 내용으로 칭찬해 주는 것이 좋다. 애착관계 형성은 아이에게 부모, 특히 엄마가 자신을 얼마나 사랑하고 있는지 느끼고 알게 해주는 것이 중요하다. 잦은 접촉과 공감, 칭찬이 아이와 부모 관계의 열쇠인 것이다.

그래서인지 요즘 베이비 마사지, 베이비 요가 등으로 영유아기의 아이들과 스킨십을 통한 건강한 애착관계 형성을 돕는 프로그램들이 많이 소개되고 있다. 퇴근하고 집에 들어서면 아이를 안아주고, 잠을 잘 때와 아침에 일어났을 때 안아주고 뺨을 비벼주는 것 같은 행동이 아이와의 애착관계 형성에 도움을 준다.

애착관계만큼이나 아이와 양육자인 부모와의 관계에서 중요한 것은 '놀이'이다. 영아기 동안 부모는 아이의 놀이를 적극적으로 도와주고 이끌어준다. 부모와 아이의 상호작용을 통해 어린이들은 자기 스스로 이끌어 갈 상상놀이에 필요한 의사소통 기술, 사회적 기술, 표상 능력을 배우게 된다. 즉, 놀이를 통하여 세상을 배우는 것이다.

아이가 6개월쯤 되면 '까꿍 놀이'처럼 아기와 부모가 함께하는 놀이를 하게 되는데 이때 아기들은 엄마나 아빠의 얼굴을 번갈아 쳐다보면서 말하는 사람의 대화 패턴을 익히게 된다. 아이의 학습이 시작되는 것이다.

엄마와의 대화를 통해 아이는 세상을 배워 나간다. 그런데 이렇게 중요한 시기에 부모와 아이 간에 친밀한 접촉이 이루어지지 않으면 애착 형성에 부정적인 영향을 미치게 된다. 아이가 만 3세가 될 때까지는 부모가 상상놀이의 주요 상대역이라는 연구 결과가 있는만큼 어릴 때 부모와의 놀이는 아이들에게 절대적이라고 할 수 있다.

늘어나는 맞벌이 가정으로 인해 부모와 아이들과의 놀이나 대화가 점점 줄어들고 있는 추세이다. 한 주 동안 바쁜 회사 업무로 인해 주말에는 집에서 잠만 자는 아빠들이 많다. 생계를 위해 밥벌이를 해야 하는 가장의 고단함이 뚝뚝 묻어난다.

그러나 돈도 좋고 생계도 중요하지만 내 아이의 정서발달이나 사회성을 키우는 데는 아빠의 역할이 매우 크다는 점을 기억해야 한다. 엄마와 다른 아빠만의 역할이 또 있는 것이다. 아들은 특히 아빠와 함께하는 놀이를 통해 부모와의 건강한 애착관계를 더 깊이 형성한다.

아이와의 신체놀이는 사회성과 창의력을 키우는 데 좋다. 엄마에 비해 힘이 센 아빠가 아이를 들어올려 목마를 태워준다든지, 아빠와 함께 하는 시간을 통해 아이는 자신이 사랑받는다고 느낀다.

엄마아빠와 함께 역할놀이를 할 때 각자 맡은 역할을 하면서 교감하며 대화를 나누다보면 아이의 사회성도 커가고 정서발달에도 좋은 영향을 미친다.

부모가 아이에게 줄 수 있는 최고의 선물은 다름 아닌 '사랑받고 있다는 느낌'이다. 아이는 자신의 신호에 호응해 오는 부모의 적극적인 반응을 통해 자신이 소중한 존재이며 정말 사랑받고 있다는 확신을 얻는다. 이는 부모와의 안정적인 애착관계를 형성하는 핵심이 된다.

08 울며 떼를 써요 · · ·

예전에 비하면 육아에 대한 관심도가 하늘을 찌르는 요즘, 부모는 내 금쪽 같은 아이를 어떻게 키울지 더욱 고민하게 된다. 아이는 그냥 놔두면 알아서 자란다는 옛말이 있다. 그러나 이 말이 더이상 통하지 않는 시대가 되었다. 부모가 아는 만큼 사랑을 쏟는 만큼 더 잘 키우게 되는 그런 시대에 접어들었기 때문이다.

다음과 같은 장면은 아이가 있는 집이라면 아주 흔한 광경이다.

어느 날, 식탁에 하나 남아 있던 빵을 남편과 아내 둘이 나누어 먹었다. 옆에서 뛰어놀던 아들은 엄마아빠가 먹을 당시에는 아무 말 없더니 다 먹고 나자 그때부터 빵을 사달라고 떼를 쓰기 시작한다.

아빠가 아이를 달랬다.

"우리 아들, 빵이 먹고 싶은데 엄마아빠가 다 먹어버려서 속상했구나."

너무 늦어 빵을 사러 나갈 수 없다고 하니 아이는 뜻밖의 제안을 해온다. 빵 대신 아빠가 자기와 놀아달라는 제안이다. 이렇게 평화로운 결과를 얻은 것은 아빠의 대화법이 현명했기 때문이다.

많은 부모들의 고민 가운데 하나가 아이의 기분이 좋지 않거나 화가 났을 때 어떻게 대처해야 하는지 잘 모른다는 것이다. 어린 아이들은 자신의 요구사항이 받아들여지지 않으면 울며 떼를 쓴다. 이때 어떤 부모는 타이르거나 야단을 치고, 또 어떤 부모는 무섭게 혼을 낸다. 아이가 막무가내로 울며 떼를 쓰는 것보다 힘든 일이 세상에 없는 것 같다고 부모들은 느낀다.

아이들이 화를 내거나 떼를 쓰면 부모들은 쩔쩔매며 그저 반사적으로 대응하기 쉽다. 아침에 유치원에 가기 싫다고 우는 아이에게 부모들은 보통 이렇게 말한다.

"유치원은 꼭 가야 돼!"
"유치원이 왜 가기 싫어? 얼마나 즐겁고 좋은 곳인데!"
"선생님도 잘해주시잖아. 친구도 많고!"
"이렇게 떼쓰면 어떡해! 엄마 늦었단 말이야!"

부모는 아침의 바쁜 시간에 자기가 생각하는 결론으로 아이를 이끌기에 바쁘다. 그러나 그것은 아이의 감정을 무시하고 관심을 다른 데로 돌리는 임시방편에 불과하다.

정말 아이들의 관심을 다른 데로 돌리고 싶다면 아이가 현재의 감정을 솔직하게 처리할 수 있도록 도와주는 것이 최선이다. 아이를 이해해주는 것이 바로 그것이다.

유치원에 가기 싫어하는 아이에게, "유치원에 가기 싫구나. 사실 엄마도 그런 기분이 들 때가 있어." 이렇게 수용해 주고 더 깊은 자기감정을 표현할 수 있게 도와주면 아이들이 느끼는 스트레스는 낮아진다. 그럼으로써 아이는 유치원에 가야 하는 자신의 현실을 받아들이게 된다.

☕ **여섯 살 남자아이입니다. 요즘 들어 부쩍 떼가 심해졌습니다. 자기 요구를 들어달라고 발을 구르고 소리를 지르고 울며 바닥에 드러눕기도 합니다. 벌 세우는 장소에 데려다 놓아도 자기 잘못을 인정하지 않고 계속 고집을 부립니다. 혼이 나고 다시는 떼 안 쓰겠다고 약속을 해도 그때뿐입니다.**

이때는 부모가 잘못을 지적하되 아이와 눈을 맞춘 채 낮고 엄격한 목소리로 이야기하는 것이 좋다. 장난감을 사달라고 떼쓰는 아이와 장난감을 사러 갈 때는 나중에 두말하지 않는다는 약속을 받아둔다.

만약 아이가 욕을 하거나 친구들을 때렸다면 바로 아이의 잘못을 지적하고 사과를 하게 한다. 그냥 잘못을 지적하기보다 아이의 팔을 잡고 눈을 쳐다보면서 친구를 때리는 건 절대 해서는 안 되는 행동이라고 주의를 주는 것이 좋다. 울며 떼쓰는 모습을 동영상으로 녹화해 아이에게 보여주는 것도 좋은 방법이다. 실제로 이런 방법으로 많은 부모들이 아이의 나쁜 버릇을 고쳤다고 한다.

한 젊은 어머니가 남편과 자신의 육아에 대한 생각이 너무 달라 충돌이 잦다며 상담을 요청해 왔다. 자신은 아이들을 엄격하게 대하고 남편은 대화로서 모든 것을 풀려고 한다는 것이다. 누구의 방법이 효과적이냐고 물었다. 다섯 살 난 아이를 어른처럼 대해주는 남편의 지도방법이 더 효과적인 것 같다고 대답했다.

이해와 대화만큼 좋은 양육 카드가 없는 것 같다고 나의 의견을 얘기해 주었더니 그녀는 수긍하고 돌아갔다. 엄격한 훈육이라는 자신의 카드를 찢어버리는 것 같았다.

마트나 백화점의 완구매장에서 장난감을 사달라고 바닥에 데굴데굴 구르는 아이들을 많이 본다. 부모는 아이의 그런 태도가 혹여라도 남에게 피해를 줄까봐 얼른 원하는 것을 사주고 만다.

아이의 떼쓰기는 자기주장의 한 방편으로 이해할 수 있다. 아이들은 아직 언어 능력이 덜 발달되어 있기 때문에 말로 부모를 설득할 자신이 없는 것이다. 그리고 아이들은 약아서 어떤 때 부모가 지갑을 여는지 잘 알고 있다. 그래서 떼쓰기라는 비언어적인 의사소통 방법으로 자신의 주장을 부모에게 전달하는 것이다.

아이들이 무작정 울며 떼를 쓸 때 어떻게 대처해야 좋을까? 간단하다. 아이가 떼쓰는 이유가 타당하다는 생각이 들면 요구를 들어주면 된다. 예를 들어 부모가 아이에게 노란색 옷을 입히려는데 아이가 검은색 옷을 입겠다고 고집을 부린다. 이때 아이에게 어떤 색깔의 옷을 입는지는 그다지 중요하지 않다. 그저 자신이 좋아하는 색깔의 옷을 입고 싶을 뿐이다. 따라서 아이의 요구를 들어주고 상황을 빨리 끝내는 것이 좋다. 쓸데없는 일에 신경을 너무 소모하지 말자는 말이다.

반면에 아이가 아무리 울며 떼를 써도 절대로 들어줘선 안 되는 경우가 있다. 요구를 들어주었을 경우 불편하고 위험한 상황이 초래되는 경우이다. 감기에 걸린 아이가 아이스크림을 먹겠다고 떼를 쓸 경우, 아이가 어떤 행동을 하더라도 수용해선 안 된다. 아이에게 왜 아이스크림을 먹을 수 없는지 자세하게 설명해 준다. 그래도 아이가 칭얼거리면 냉정하게 신경을 끈다. 아이는 어떤 경우에 부모가 냉정해지는지, 자신이 무슨 말을 해도 소용이 없는지 잘 알고 있다. 무심한 태도의 부모를 보며 아이는 떼쓰기를 멈추게 된다.

경우에 따라 신체적으로 아이를 제압해야 할 때도 있다. 아이가 다른 사람들에게까지 피해를 입히는 행동을 할 때 부모는 아이의 몸을 감싸 안아 움직이지 못하도록 차단할 필요가 있다.

이때 아이의 눈을 똑바로 바라보면서 차분한 어조로 말하는 것이 중요하다. 긴말은 필요없다. 잔소리하듯이 말을 늘어놓기보다 몇 마디의 말이 훨씬 효과적이다. 이럴 때 아이는 '내가 아무리 떼를 써도 결국 소용없구나.'라는 것을 인식하게 된다.

아이가 울며 떼쓰는 것을 멈춘 뒤에는 적절한 훈육이 따라야 한다. 즉, 그 상황에 맞는 행동지침을 설명해 주는 것이다. 울며 떼쓰는 아이들 가운데는 유독 부모의 애정이 부족한 아이가 많다. 아이의 입장에서 충분히 사랑받지 못한다고 느낄 때 아이들은 이상행동, 즉 바람직하지 못한 행동을 하게 된다.

유아기에는 부모가 아이를 직접 양육하는 것이 바람직하다. 물론 예외가 있을 수는 있다. 사람들의 사정은 다 다르기 마련이니까. 부득이하게 아이를 다른 이에게 맡기고 취업이나 학업을 선택할 경우라도 지금 자신에게 가장 중요한 것은 아이라는 사실을 잊지 않는다. 아이에게 가장 필요한 것이 무엇인지도 잊지 않는다.

울며 떼쓰는 아이의 행동이 습관으로 굳어져선 곤란하다. 유치원이나 학교에 들어가서도 자신의 요구사항이나 주장을 떼쓰기를 통해 관철하게 된다면 이는 분명 큰 문제이다. 아이가 보내는 신호가 무엇인지, 아이가 진정으로 원하는 것이 무엇인지 알고 도와줄 방법을 찾는 것이 올바른 부모의 자세가 아닐까.

아이들 중에 간혹 감정조절 능력이 많이 떨어지거나 충동적인 성향이 강해서 막무가내로 울며 떼를 쓰는 경우가 있다. 이럴 경우 소아정신과 전문의의 상담을 받아볼 필요가 있다.

09 남의 물건을 훔쳐요···

☕ 초등학교 2학년 아이의 엄마입니다. 아이에게 나쁜 버릇이 있어요. 물건을 훔치는 버릇인데요, 한 달 전에 마트에서 물건을 훔치다 들켜 저를 무척 놀라게 한 적이 있습니다. 버릇을 고치려고 호되게 야단 쳤습니다. 그리고 한동안 잠잠하더니 오늘 못 보던 물건이 있어 추궁하자 친구네 집에서 가져왔다고 합니다. 이 버릇을 어떻게 고쳐야 할까요?

아이들은 호기심으로 한두 번 남의 물건을 훔치기도 한다. 이는 성장 과정 중에 나타나는 자연스런 행동이다. 문제는 자칫 잘못하면 이러한 훔치기가 습관화되어 '도벽'으로 발전하게 되는 것이다.

대부분의 부모는 아이가 물건을 훔친 사실을 알게 되면 크게 당황한다. 아이가 범죄자가 될까봐 겁이 나는 것이다. 도벽은 충동적으로 느끼기도 하지만 또 오랫동안 습관화되고 누적된 욕구불만의 표시이기도 하다.

만 4세 아동의 어머니가 직장에 다니는 관계로 주말에 상담약속을 요청해 왔다.

"며칠 전 가방에 아이 친구의 인형이 있더라고요. 평소에 들고 다니는 걸 본 적이 있어서 누구 것인지 알고 있었거든요. 아이에게 물어보니 그 친구가 줬다는데 알아보니 역시 거짓말이었어요. 인형을 가지고 주인에게 가서 돌려주고 왔어요."

아이의 고민을 이야기 한 후 집으로 돌아가려는 찰나 어제 아이가 놓고 간 어머님의 목도리를 드리자 "언제 또 이걸 하고 갔지? 아이가 하고 간지도 몰랐네요." 하고 말씀하셨다.

도벽에는 복합적인 원인이 있다. 심리적으로 불안할 때, 소유 욕구가 남보다 강할 때, 충동조절 능력이 부족한 경우 등이다. 또 부모의 교육태도에 문제가 있거나 사회성이 부족한 경우, 소유 개념이 없는 경우 등 다양하다. 정서적인 문제와 도벽은 긴밀한 관련이 있다. 애정결핍과 욕구불만이 있는 아이는 대리만족을 느끼기 위해 물건을 훔치고, 또 부모에게 불만이 많은 아이는 보복심으로 엄마의 물건을 훔치는 경우가 많다.

친구의 인형을 몰래 가져오는 아이는 자기중심적인 성향이 강하다. 자신이 원하는 것은 가져야 직성이 풀린다. 그리고 남의 물건을 훔치고도 전혀 죄의식을 느끼지 못한다.

아이들에게도 적당한 때가 되면 소유개념을 심어주는 것이 중요하다. 내 것과 남의 것의 차이를 설명해주고, 남의 물건은 마음대로 가질 수 없다는 사실을 분명하게 인식시킨다. 자기 물건에 대한 소유개념이 생기면 자연히 남의 물건에 대한 인식도 생긴다. 그리고 내 물건이 소중한 만큼 남의 물건도 소중하다는 사실을 알게 된다.

아이가 친구의 물건을 허락받지 않고 가져왔을 경우에는 아무리 작은 것이라도 엄마가 직접 동행해 친구에게 돌려주고 사과하는 것이 좋다. 남의 물건을 함부로 가져오면 안 된다는 것을 가르치고, 정 갖고 싶을 때는 주인에게 물어보거나 부모에게 이야기하라고 한다.

아이가 남의 물건을 몰래 가져온 걸 알게 되면 그 즉시 물건을 돌려주고 사과하는 과정을 거치는 것이 중요하다. 아이가 거짓말을 하더라도 크게 동요하지 않는다. 만일 아이가 친구한테 빌렸다고 거짓말을 하면 "남의 것은 돌려주자!"고 하여 아이가 상처받지 않도록 상황을 정리한다.

아이의 연령대에 따라 대처 방안도 달라질 수 있다. 만약 초등학교에 들어가기 직전이라면 어느 정도 소유개념이 생기는 때이다. 남의 물건을 말없이 가져오는 것은 잘못된 행동이라는 것을 분명히 알게 하고 다시 한 번 그런 일이 있을 경우 어떤 벌을 받게 될지 알려준다.

가정에서 제대로 교육받지 못한 아이들은 쉽게 남의 물건에 손을 대게 된다. 부모가 자녀를 너무 과잉보호하는 것도 문제다. 아이는 욕구를 자제하는 능력을 배우지 못한다.

부모가 경제적인 면에서 너무 엄격한 경우에도 아이에게 도벽이 생길 수 있다. 따라서 무조건 아이에게 참으라고 하기보다 아이의 말을 들어보고 꼭 필요한 것이면 사주는 것이 아이의 욕구 불만을 줄일 수 있다.

남의 물건을 훔치는 행동은 초기에 반드시 고쳐야 한다. 도벽의 원인을 알아야 행동 수정이 가능하므로 다음 네 가지로 정리해 보았다.

첫째, 정서적 문제가 있는 경우
부모에게 충분한 사랑을 받지 못한 아이들이 부모의 관심을 끌기 위해, 그리고 훔치는 순간의 짜릿함 때문에 물건을 훔친다.

둘째, 올바른 소유개념을 배우지 못했을 경우

나의 것과 남의 것에 대한 소유 개념을 배우지 못한 경우이다.

셋째, 충동적이고 자기 통제를 하지 못하는 경우

충동적이고 행동 조절에 어려움이 있는 아이는 어떤 물건을 가지고 싶다는 생각이 떠오르면 당장 그것을 가져야 한다는 생각밖에 하지 못한다.

넷째, 부모가 너무 방임적이거나 과잉보호하는 경우

부모의 사랑을 충분히 받지 못한 허전함에 도벽이 생길 수도 있고, 반대로 너무 과잉보호를 받아 원하는 건 모두 가져야 직성이 풀리는 경우도 있다.

무관심보다는 어떤 식의 관심이라도 받고 싶기 때문에 물건을 훔치는 아이도 있다. 이런 아이의 경우 자신의 행동에 관심을 보이면 보란듯이 더욱 반복하게 된다. 따라서 이럴 때는 아이와의 관계를 점검해보고 부족한 사랑을 채워줄 필요가 있다. 자신의 물건과 타인의 물건에 대한 소유개념을 배우지 못하게 되면 아무런 죄의식 없이 남의 물건을 훔치게 된다. 이 경우에는 소유개념을 이해시키고 가르쳐야 한다.

충동적이고 자기 통제를 하지 못하는 경우, 꾸준히 지속적으로 이루어지는 교육이 필요하다. 아이가 무엇을 갖고 싶은지 모르는 방임과 무엇이든 들어주는 과잉보호 사이에도 적절한 균형이 필요하다.

아이가 남의 물건에 손을 댔을 때에는 대화를 통해 그 동기를 파악한다. 아이들은 자신에게 결핍된 것, 부모의 관심이나 애정을 채우기 위한 수단으로도 남의 물건에 손을 댄다. 자신에게 제발 관심을 보여달라는 SOS 신호일 수도 있다. 따라서 부모는 아이에게 보다 많은 관심과 애정을 기울이고 어릴 때부터 차근차근 올바른 가치관을 형성할 수 있도록 지도한다.

10 너무 쉽게 상처받아요···

얼마 전 아이가 다니는 유치원에서 공책에 영어단어를 써오는 숙제가 있었습니다. 숙제를 다 했다고 해서 확인하고 평소처럼 칭찬을 해 주었습니다.

그런데 저녁에 아이 아빠가 숙제를 보고는 틀린 단어가 있다고 지우고 새로 써오라고 했습니다. 틀린 단어가 하나 있었던 것이 그렇게 자존심 상하는 일이었을까요? 딸아이는 닭똥 같은 눈물을 흘리며 저녁도 안 먹고 방에 틀어박혔습니다. 딸아이가 너무 소심한 것같아 걱정이 됩니다.

사소한 말에 쉽게 삐치고 상처받는 아이들의 공통점이 있다. 자존감이 낮다는 것이다. 자존감은 있는 그대로의 나를 가치 있게 여기고 사랑하는 힘을 말한다. 자존심이 높은 것과 자존감이 낮은 것은 다른데 때로는 애매모호하게 보인다. 자존감이 낮은 아이는 타인의 사소한 말과 행동에 쉽게 상처를 받는다. 또 하고 싶은 말이 있어도 하지 못하고 눈치를 살피게 된다.

자존감은 인생에서 만나게 되는 크고 작은 실패와 위기의 순간에 포기하지 않고 다시 일어날 수 있게 할 뿐 아니라 타인들이 어떻게 생각하든 자기가 믿는 것을 향해 최선을 다하게 해주는 동력이다.

자신의 방면에서 크게 성공한 사람들을 보면 대부분 자존감이 강하다는 것을 알 수 있다. 그들은 그래서 수십 번, 수백 번 실패에도 아랑곳하지 않고 자신이 믿는 것을 향해 다시 도전한다. 실패했을 때 타인들의 냉담한 시선과 비난에도 쉽게 상처받지 않고 자신을 지킬 수 있는 힘은 높은 자존감 때문이다.

아이의 자존감은 부모가 아이를 어떤 시선으로 바라보고 평가하느냐에 따라 달라진다. 아이는 부모의 시선에 민감하다. 특히 자신을 못마땅하게 여긴다는 느낌을 받으면 심하게 위축되고 자신감을 잃게 된다. 열등감이 생기고 자존감이 낮아지는 것이다.

자존감이 낮은 아이는 아무리 많은 재능을 가지고 있어도 그 재능을 제대로 펼치지 못한다. 자신이 무엇을 하고 싶은지, 어떤 사람이 되고 싶은지 알고 있더라도 자신이 없어서 눈치를 보게 되는 것이다. 자존감이 낮은 아이는 좀처럼 용기를 내기 어렵다. 실패에 대한 두려움 때문에 어떤 일도 시도하지 않으려고 한다. 가진 재능을 그대로 썩히는 것이다.

사소한 말에 쉽게 상처받는 여섯 살짜리 여자아이가 있다. 아이는 본래 친구들과 잘 어울리며 밝고 명랑한 성격이었다. 그런데 어느 날부터인가 친구나 주변의 사소한 일에 속상해 하고 민감하게 받아들이기 시작했다.

옷에 밥풀이 묻었다는 친구의 말에도 눈물을 터뜨릴 정도였다. 어느 날은 친구들에게 같이 놀자고 이야기했다가 "싫어."라는 이야기를 들었다. 아이는 당장 선생님에게 달려가 "친구들이 나를 싫어해서 안 놀아 줘."라고 토로했다.

자신이 그린 그림을 예쁘다고 칭찬해 주지 않거나 옷 색깔이 어떻다는 말만 들어도 서럽게 울었다. 아이의 어머니에게 조심스럽게 말을 건넸다. 알고보니 아이가 그렇게 변한 데는 사정이 있었다. 자존감에 크게 상처를 입은 일이 있다는 것이다. 어머니와 나는 함께 노력하여 아이의 예전 모습을 찾아주자고 약속했다.

우리는 살아가면서 타인에게 상처를 주기도 하고 타인으로부터 상처를 받기도 한다. 그런데 타인보다 가족 등 가까운 사람에게 받는 상처가 훨씬 크다. 그만큼 상대를 믿고 좋아하기 때문이다. 아이들은 면역력이 없기 때문에 조그만 일에도 쉽게 상처받고 깊이 베인다. 특히 가족에게서 받은 상처는 더 큰 흉터를 남긴다.

며칠 전 한 어머니가 초등학교에 다니는 아들을 데리고 나를 찾아왔다. 아이는 겉으로 보기에는 활달해 보이고 자기주장이 강한 것 같은데 상처를 쉽게 받는 성격이었다. 우리는 함께 대화를 나누었는데 아이의 말이 자기는 학교에서 왕따라고 했다. 최근 한 친구와 말다툼이 있었는데 그때 친구가 대수롭지 않게 "넌 우리 반 왕따잖아?"라고 말했다는 것이다.

아이는 친구 사귀는 것이 힘들고 친한 친구가 없는 것에 대해 고민하고 있었다. 선생님도 자기를 싫어하시는 것 같고 차별도 심하다고 속내를 털어놓았다.

"요즘 집에서 화를 잘 내고 짜증이 심해요. 아이를 어떻게 지도해야 할지 모르겠어요. 남자아이가 너무 예민하니 그래서 친구를 못 사귀는 걸까요?"

아이가 힘들어 하는 이유는 다음 네 가지로 정리할 수 있다.

❶ 타인의 말에 쉽게 상처받는다
❷ 친구 사귀는 것을 힘들어 한다
❸ 선생님이 자기를 싫어하고 차별을 한다
❹ 친구들에게 왕따를 당한다

이 모든 일들은 아이의 자존감이 낮아서 발생하는 문제이다. 별뜻이 없는 친구의 말에도 크게 반응하고 작은 거절도 크게 확대해석한다. 친구들은 아이의 이런 점이 부담스러워서 함께 어울리지 않는 게 아닐까? 자존감이 낮은 아이는 자신이 사람들에게 사랑받을 만한 가치가 없다고 여기게 된다. 그래서 친구에게 다가가고 싶어도 선뜻 다가갈 수 없다.

나는 아이의 어머니에게 두 가지를 실천해 보라고 주문했다. 첫 번째는 아이의 장점을 종이에 적어서 방문이나 냉장고에 붙여두고 아이와 함께 자주 읽어보는 것이다. 그러면 아이는 자신에게도 장점이 많다는 것을 매일 눈으로 확인하고 자신감을 가지게 되지 않을까. 두 번째는 아이에게 크고 작은 경험을 직접 맛보게 하라는 주문이었다. 예를 들어 라면도 아이가 직접 끓여보도록 하고 커피도 직접 타보게 하는 것이다. 아이가 타준 커피가 맛있다고 칭찬해주면 아이는 조그만 성취감과 함께 '무엇이든 잘할 수 있다!'는 자신감을 가지지 않을까.

아이의 자존감을 키워주려면 어떻게 해야 할까? 공감형 부모가 되어야 한다. 아이와 자주 눈을 맞추고 대화하며 안아주는 등 스킨십을 자주 하는 것이 좋다. 아이의 자존감은 첫째 그 자신에게 달려 있는 문제지만 부모와 친구, 선생님 등 그 주변의 중요한 사람, 특히 부모가 어떻게 자신에게 상호작용을 해주는가에 따라 높아지기도 하고 낮아지기도 한다.

아이는 자신을 대하는 부모의 태도에서 스스로 자존감을 만들어 간다. 따라서 아이의 자존감 형성에 있어 가장 중요한 것은 부모의 공감적인 양육태도라고 할 수 있다. 아이의 기질과 단점까지도 내 아이를 있는 그대로 받아들이는 것이다.

11 동생이 생긴 후로 어리광이 심해요 …

얼마 전에 아이가 태어났어요. 그런데 동생이 생기고부터 아이가 이상하게 미운 행동을 해요. 친구에게 신경질을 낸다거나 발로 찬다거나 장난감도 자기 거라며 소리를 지르고 원래 양보 잘하던 아이였는데 이상하게 성격이 변했어요. 유치원에 가기 싫다며 떼를 쓰고 눈물도 많아지고 사소한 일에 삐치곤 합니다. "싫어"라는 말도 잘 하고 신경질을 자주 냅니다. 그리고 어리광이 늘었어요.

동생이 생기기 전에 그렇게 의젓하던 아이가 동생이 생긴 후로 어리광이 늘고 아기 흉내를 내기까지 하니 부모로서는 기가 막힌 일이다.

오랜만에 놀러온 사람들 앞에서 부끄럽지도 않은지 엄마 품에 떠억하니 안겨서 동생은 근처에도 오지 못하게 한다. 그리고 장난감이나 맛있는 음식이 있으면 동생은 주지 않고 혼자서 독차지하려고 한다.

아이는 왜 이런 퇴행 행동을 보이는 것일까? 엄마의 사랑이 동생에게 옮겨지는 것에 대한 불안감과 스트레스 때문이다. 이 세상에 없던 동생이라는 존재의 출현은 아이에게는 엄청난 사건이다.

그동안 혼자서 독차지했던 부모의 사랑과 장난감, 맛있는 음식 등을 아이는 혼자서 독차지할 수 없게 되었을 뿐 아니라 오히려 동생에게 양보해야 하는 처지가 된 것이다.

무엇보다도 아이는 자신만 아끼고 사랑해주던 엄마가 동생이 생긴 다음부터 태도가 달라졌다고 느끼게 된다. 그리하여 동생을 미워하게 되는 것이다. 동생에게 엄마의 사랑을 빼앗겼다고 생각하기 때문이다.

자기보다 동생에게 더 애정과 관심을 보이는 부모가 원망스럽게 여겨진다. 그래서 부모가 싫어하는 행동을 하게 된다. 또한 아이는 부모의 사랑을 독차지하는 아기처럼 행동하여 엄마아빠의 관심을 끌려고 한다.

어리광은 일종의 퇴행현상으로 빼앗긴 애정을 회복하려는 일종의 방어기제다. 엄마아빠가 무심코 던지는 "너는 어떻게 형이 되어서 동생보다 못하니?"와 같은 비교하는 말들이 더욱 동생을 경쟁상대로 의식하게 한다. 동생을 아끼고 보살펴줘야 할 대상이 아닌 경쟁상대로 여기는 것이다.

"이제 동생이 생겼으니 엄마 말도 잘 듣고 의젓해져야지!" 같은 말도 아이에게는 스트레스가 된다. 그런 요구가 부담스럽기 때문이다. 심한 경우 아기처럼 우유를 젖병에 담아 먹겠다고 떼를 써서 자신의 고집을 관철하는 아이도 있다. 동생처럼 아기가 되고 싶은 것이다.

아이의 반항은 다양한 형태로 나타난다. 엄마가 먹여주지 않으면 밥을 먹지 않거나 동생의 젖병을 낚아채 자기가 빨아 먹는다거나 엄마가 보지 않을 때 아이를 꼬집어 울리는 식으로 말이다. 엄마가 보기에는 속 터지는 행동이지만 그렇다고 해서 아이에게 상처를 주는 말을 하거나 야단을 쳐선 안 된다.

일단 아이의 요구대로 해주는 것이 좋다. 아이는 자신의 욕구를 부모가 수용하는 것을 보고 불안감에서 벗어나서 서서히 이전의 자기 모습을 되찾게 된다.

우리 집 큰아이는 동생보다 열 살이나 많은데도 질투가 심한 편입니다. 아기가 태어난 후 괴로워하는 큰아이의 말을 다 들어주고 인내심을 가지고 기다렸더니 시간이 지나며 문제가 해결되었습니다. 자주 큰아이의 마음을 이해하고 안아준 것이 주효했던 것 같아요. 지금도 가끔 아기를 향한 원망의 눈빛과 언어, 행동을 보이기는 하지만 예전에 비하면 많이 좋아졌습니다.

아기가 태어나면 엄마의 관심은 아기에게 향한다. 이때 큰아이가 어리광을 부리거나 동생을 질투하면 달래기도 하고 야단을 치게 된다.

동생이 생긴 후로 어리광이 심해진 아이에게는 아이가 어렸을 때의 앨범을 보여주며 부모의 애정을 확인할 수 있는 시간을 가지면 도움이 된다. 그리고 마트에 간다든지 하는 일은 아빠와 함께 하도록 함으로써 아빠와 함께 지내는 시간을 만들어 준다. 특히 아이의 상황에 대해 유치원이나 학교의 선생님께 도움을 요청하는 것이 좋다. 아이가 처한 상황을 전달함으로써 필요한 경우 선생님의 특별지도를 받을 수도 있기 때문이다.

아기를 돌보는 일에 아이를 참여시키는 것도 좋은 방법이다. 엄마가 동생에게 밥을 먹이거나 목욕이나 기저귀를 갈아 줄 때 아이의 도움을 청하는 것이다. 아이는 이때 비로소 연약한 존재인 아기를 자신의 엄마와 함께 보살펴주어야 한다는 사실을 기분좋게 자각하게 된다. 심부름을 잘했거나 동생과 놀아주었을 때 아이를 칭찬해 주는 것도 중요하다. 아이는 어느새 동생을 경쟁상대로 여기기보다 소중한 새 가족으로 받아들이게 된다.

동생이 생긴 후로 부쩍 어리광을 부리는 아이의 마음 이면에는 '동생만 사랑하는 엄마한테 화가 나요.' '부모님의 사랑을 독차지하는 동생이 얄미워요.' '동생은 매일 기저귀에 오줌 싸고 똥 싸도 예쁘다고 말하면서 왜 저는 어쩌다 한 번 실수하는데 야단치세요?' '무조건 양보만 해야 하는 게 너무 싫어요. 동생이 없어졌으면 좋겠어요.' 이런 심리가 숨어 있다.

아이가 부모의 사랑과 관심을 독차지하고 싶어하는 것은 당연한 일이다. 부모의 관심을 새로 태어난 동생에게 모두 빼앗겨버렸다고 생각하는 데서 오는 아이의 박탈감을 달래준다.

아이의 이런 심리와 행동에 대해 너무 과민하게 반응을 보이지 않는 것이 중요하다. 새로 태어난 아기도 소중하지만 아이를 얼마나 사랑하는지 알려주어서 오해와 마음의 상처가 남지 않도록 한다.

아이가 아기 흉내를 내려고 하면 한두 번 정도는 허락한다

컵으로 우유를 먹던 아기가 우유병으로 우유를 먹으려고 하거나 바닥에서 자던 아이가 아기 침대에서 자려고 하면 한두 번 정도는 허락해 주자. 그러나 아이가 이런 행동을 할 때 부모가 관심을 보여서는 안 된다. 아기처럼 하는 행동에 부모가 별로 관심을 보이지 않으면 아이는 아기처럼 행동해서 얻을 수 있는 것이 없다는 것을 깨닫고 제풀에 시들해진다.

의젓한 행동을 할 때는 칭찬을 아끼지 않는다

아이가 혼자 방 정리를 했거나 옷을 갈아입었을 경우 잊지 않고 칭찬해 준다. 그리고 아이가 누나나 형으로서의 역할을 할 수 있는 기회를 제공한다. 엄마가 아기의 옷이나 기저귀를 갈아 줄 때, 아기를 목욕시킬 때에 큰 아이에게 도움을 요청하거나 엄마가 보는 앞에서 아기를 안아주고 아기와 놀아주도록 한다.
아이는 동생을 돌보는 과정을 통해 언니나 형으로서의 자부심을 느낄 뿐 아니라 아기 흉내를 내는 것보다는 언니나 형으로서의 역할을 하는 것이 자신에게 더 유익하다는 사실을 알게 된다.

PART 4
스스로
공부하는
단단한 공부
근육키우기

왜 공 부 를 해 야 하 는 지 알 려 주 세 요

아이의 성적이 오르지 않는다고 해서 조바심을 내어봤자 소용없다. 마음이 급하면 아이에게 잔소리를 하게 되고, 이는 안 그래도 성적이 오르지 않아 스트레스를 받고 있는 아이에게 역효과를 불러일으킨다.

아이는 아무리 공부를 해도 성적이 오르지 않는 자신에 실망을 느끼고 자신감을 잃을 수도 있다.

아이의 학습태도나 공부 방법에 문제가 있을 수도 있다. 집중력에 문제는 없는지 요점을 잘 캐치하여 공부를 하는지 아닌지 살펴본다. 부모가 나서서 잘못된 학습태도를 잡아주지 않으면 아무리 열심히 공부해도 좋은 성과를 기대하기 어렵다.

마지막으로 아이 스스로 하는 주도학습을 위해 왜 공부를 해야 하는지 알려준다. 공부는 그저 남들보다 잘 먹고 잘 살기 위한 수단으로 하는 것이 아니다. 인간답게 살고 자신의 꿈을 실현하기 위한 가장 효율적인 전략이라는 것을 알게 한다.

그리고 공부가 학생이라면 누구나 해야 하는 그런 것이 아니라, 공부를 통해 느낄 수 있는 인생의 성취감과 즐거움에 대해 알려주어 아이 스스로 공부에 흥미를 느낄 수 있도록 지도한다.

01 아는 문제도 자주 틀려요...

 "아이가 하는 걸로 봐서는 90점 이상 나올 것 같은데 시험만 치면 70점대니… 이해가 안가네요."

"아이가 학교에서 시험을 보면 집에서 쉽게 풀었던 문제들도 틀려서 옵니다. 그때마다 많이 속상해요."

부모들은 내 아이가 공부를 잘하기를 바란다. 특히 이제 갓 초등학교에 입학한 아이를 둔 부모라면 자신의 아이가 다른 아이에게 뒤처지지 않기를 바란다. 성적 등 모든 면에서 다른 아이들보다 뛰어나기를 기대한다.

사교육비로 많은 돈을 투자하고 있는데도 아이가 시험을 엉망으로 보고, 특히 아는 문제도 자주 틀릴 때마다 부모는 속이 상한다. 똑똑한 줄 알았던 아이가 기대했던 만큼의 성적을 올리지 못하면 실망이 계속된다.

자식에 대한 부모의 실망은 하소연으로 이어지기도 한다.

"남들은 한 개를 가르쳐주면 두세 개를 안다고 하는데 우리 아이는 그 반대예요."

아이도 할 말이 많다.

아이들은 나름대로 열심히 공부하고 있는데 부모님으로부터 "잘 했다." "수고했어." 같은 칭찬을 거의 들어본 기억이 없다고 입을 내민다.

《아이의 공부두뇌》의 저자 김영훈 박사는 이렇게 말한다.

"공부하라며 화를 내는 부모의 태도가 오히려 아이의 공부능력을 감퇴시킬 수 있다. 뇌가 공부를 나쁜 감정으로 인식하면 학습 효과가 현저히 떨어지기 때문이다."

아이가 공부를 잘하기 위해선 이성의 뇌인 대뇌뿐만 아니라 감정의 뇌도 중요하다고 강조하는 저자의 설명을 더 들어보자.

"감정의 뇌인 변연계의 기능이 활성화되면 집중력이 뛰어나고 감정 조절을 잘하며, 마음이 안정적이고 학습동기가 높아진다. 어려서부터 부모의 간섭을 많이 받고 자라게 되면 뇌의 '전두연합야'라는 영역이 충분히 발달하지 못해 사소한 불편도 참지 못하고 무기력한 아이가 된다."

부모의 핀잔과 잔소리는 아이의 공부에 아무런 도움이 안 된다. 따라서 격려와 칭찬으로 학습효과를 유발시켜야 한다.

초등학교 1학년 때 치르는 받아쓰기 시험을 놓고 생각해 보자. 아이에게 "너는 아는 단어도 틀리느냐?"며 혼내선 안 된다. 그 대신 "누구나 실수할 수 있어."라는 말로 100점을 받아오지 못한 아이에게 가벼운 위로를 건네는 것이 좋다. 받아쓰기를 즐겁고 흥미로운 일로 인식시켜주는 것이 더욱 중요한 것이다. 그렇게 하기 위해선 부모가 아이와 함께 받아쓰기를 놀이나 게임으로 만들어볼 수 있다. 아이와 받아쓰기 내기를 해서 아이가 100점을 맞으면 아빠가 아이의 소원을 하나 들어주고 아이가 틀리면 아이가 아빠가 원하는 것을 들어주는 식이다.

부모들이 제일 속이 상한 건 아는 문제를 멀쩡히 틀려올 때이다.

"시험을 마치고 오답노트를 정리하면서 이걸 왜 틀렸냐고 물어보면 그때는 멀쩡하게 다 알고 있습니다. 제발 정신 바짝 차리고 시험을 보라고 당부해도 소용없습니다. 아는 문제도 시험만 보면 틀려 가지고 옵니다. 모르는 문제를 틀리는 것보다 더 속이 상합니다."

부모의 그 마음도 이해가 가지만 속이 상하는 것은 아이도 마찬가지이다. 시험을 잘 보기 위해 실수하지 않기 위해 최선을 다했는데도 늘 비슷한 상황으로 부모의 잔소리를 들어야 되니 아이로서도 이만저만한 스트레스가 아니기 때문이다.

계속되는 실수는 문제의 핵심을 정확하게 모르는 것이 이유일 수도 있고 단순한 실수의 반복일 수도 있다. 읽기 능력을 더 강화하려면 어릴 때부터의 독서습관이 중요한데 그것이 하루아침에 이루어지는 것도 아니고 보니 난감하기 짝이 없다.

아는 문제를 자주 틀린다고 토로하는 부모님에게 나는 아이가 초등학교 저학년이라면 집중력을 향상시키는 것이 중요하다고 조언한다. 이 시기에 집중력을 키우기 위해선 한 번에 한 가지 일만 하게 하고, 시간을 정해놓고 학습을 시키도록 한다. 또 성취감을 느끼게 하는 것도 중요하다. 아이가 책읽기를 좋아한다면 책을 읽고 그것을 그림으로 그려보게 하거나 엄마아빠 앞에서 발표하는 시간을 갖는다. 그리고 칭찬으로 아이에게 성취감을 느끼도록 하는 것이 좋다. 이 모든 것들이 집중력과 연결된다.

공부를 열심히 했는데도 성적이 나쁘고 아는 문제를 자꾸 틀린다면 아이의 자신감 결여에 따른 문제일 수도 있다. 모든 일이 그렇듯이 공부에서도 자신감은 무척 중요하다. 자신감이 없으면 주눅이 들어서 공부하려는 의지가 약할 수밖에 없다. 특히 계속되는 실수로 아이가 '열심히 공부해도 소용없다'는 판단이라도 내리게 되면 아이는 공부와 더욱 멀어지게 된다.

설령 시험 때마다 실수를 하더라도 아이가 아직 공부에 대해 좋은 감정을 가지고 있으면 다행이다. 다시 시작하면 되니까.

그렇다면 어떻게 해야 아이가 공부에 대한 흥미를 계속 유지할 수 있을까?

첫째, 자기 수준에 맞는 난이도의 공부를 해야 한다. 너무 어려워도 좌절하고 너무 쉬우면 만만해진다. 적당히 어렵고 적당히 쉬운 난이도의 문제를 풀면 성취욕을 느낄 수 있어 즐거워진다.

둘째, 실현가능한 공부의 목표를 설정해야 한다. 그래야 목표를 달성할 수 있게 되고, 다음 목표를 세울 수 있으며, 목표를 달성했을 때 주어지는 보상도 즐거움의 하나가 될 것이다.

셋째, 공부를 할 때 내가 가장 잘 집중할 수 있는 분위기와 방법을 찾는 것이 중요하다. 남을 따라하는 것이 아닌, 나에게 가장 효과적인 공부 방식을 찾아 즐겁게 공부한다.

열심히 공부해도 성적이 잘 오르지 않고 아는 문제도 실수로 자꾸 틀리는 아이를 어떻게 하면 자신감을 잃지 않고 즐겁게 공부할 수 있도록 이끌 것인가?

만일 아이가 해당 교과내용을 잘 이해하지 못한다면 어휘력을 높여주는 노력이 필요하다. 집중력과 자신감의 문제라면 그 부분의 보완을 위해 부모가 관련 도서를 읽고 열심히 연구하여 내 아이에게 가장 잘 맞는 방법을 모색해 본다. 불안과 우울, 스트레스가 원인이라면 부모의 지나친 기대나 억압 같은 것은 없는지 살펴본다.

그밖에 아이의 학습부진이 심리적인 원인이나 환경적인 원인이 아닌 ADHD에 더 가깝다고 생각된다면 소아청소년 정신과 전문의와 상의해서 치료를 받는 것이 중요하다.

02 우리 아이가 ADHD래요 · · ·

　　"우리 애가 수업시간에 돌아다니고 집중을 못한대요."

　　초등학교 1학년생 진수 어머니는 요즘 걱정이 많다. 집에서는 그냥 활달하고 장난이 심한 아이인 줄 알았는데 학교 선생님이 아이가 수업시간에도 돌아다니고 집중을 잘 못한다며 병원에 한번 데려가 보라고 한 것이다.

　　아이를 데리고 병원을 찾았더니 의사는 ADHD라는 진단을 내렸다.

　　아이가 좀 산만한 줄로만 알았는데 치료가 필요한 ADHD 진단을 받고 충격에 빠지는 부모들이 늘고 있다.

　　ADHD(주의력결핍 과잉활동장애)란, 만 7세 이전에 많이 나타나는 장애로 주의력이 부족하여 산만하고 과다활동, 충동성을 보이는 상태를 말한다. ADHD 아이들은 한 가지 일에 집중하지 못하고 매우 극성맞고 충동을 통제하지 못하는 것이 특징이다.

미국소아과학회의 통계에 따르면 평균 학령기 소아의 약 3~8%가 ADHD 증상을 지니고 있으며 국내 역학조사 결과 유병률은 7.6% 정도로 소아청소년정신과 관련질환 가운데 가장 높다고 한다.

제주대병원의 학교에 다니는 아동들을 대상으로 한 조사결과를 보면 전체에서 13.5% 정도가 ADHD에 해당하고, 학급당 3명은 이 질환을 갖고 있으며 남아가 여아보다 3~4배 많다.

증상은 아동에 따라 과잉행동 우세형, 주의력 결핍 우세형, 복합형의 세 가지 유형으로 나눌 수 있다. 먼저 과잉행동 우세형은 행동이 과도하게 많으며 충동적인 경향이 두드러진다. 허락 없이 자리에서 벗어나고 뛰어다니며 팔다리를 끊임없이 움직이는 등 장시간 가만히 앉아 있어야 하는 상황에서 자신의 신체를 통제하는 것이 어렵다.

주의력 결핍 우세형은 유치원이나 학교에서 학습 분위기를 해치는 행동을 하지는 않지만 학습 수행능력에서 차이가 난다.

복합형은 가장 흔한 유형으로 충동성과 공격성 등의 증상이 복합적으로 나타나는 것이 특징이다.

아이가 산만하다고 해서 모두 ADHD는 아니다. 이사나 전학, 부모의 이혼 등으로 인한 스트레스가 원인이 되어 혹시 ADHD는 아닌지 의심하게 만드는 아동도 있다.

그렇다면 단순히 산만한 것과 ADHD는 어떻게 다를까? 그냥 산만한 아동은 집중해서 끝까지 시험을 보는 게 가능하다. 꼭 필요한 순간에는 집중을 하기 때문이다. 그러나 ADHD 아이들은 문제를 끝까지 읽지를 못해서 시험시간에도 좀처럼 집중하지 못한다.

ADHD 판정을 받은 아이들은 대개 주의가 산만하고 부주의하며 정서가 불안정하고 낮은 자존감을 보인다.

예지라는 여섯 살짜리 여자아이가 생각난다. 긴머리의 예쁜 소녀 예지는 집중력이 부족한 것이 한 가지 흠이었다. 아이는 수업 시간에도 좀처럼 집중하지 못했고 아무것에도 관심이 없어 보였다. 그런데 옷차림이나 자신의 외모에는 고도의 집중력을 보였다. 예지는 평소 외모에 관심이 많았다. 매일 거울을 보았고 교사와 이야기를 하거나 친구들과 이야기를 할 때도 머리모양을 신경 쓰고 손으로 매만졌다.

등원하는 모습에서부터 예지의 표정에는 극명하게 그날 자신의 기분이 드러났다.

심술이 난 예지에게 왜 그런지 물어보면 엄마가 예쁘지 않은 옷을 입혀주어서 기분이 나쁘다는 것이다. 화장실에서 예지는 거울을 보며 자신의 머리를 손질하고 옷매무새를 다듬으며 만족하는 표정을 짓는다. 체육활동을 할 때도 중간중간 거울을 꺼내 보는 등 예지의 관심은 온통 옷과 외모에 집중되어 있었다.

어머니와의 면담 후 예지의 이런 행동의 이면에는 아버지의 직업이 영향을 끼친다는 것을 알 수 있었다. 예지의 아버지는 패션 사업을 하고 있었고 어릴 때부터 예지는 그런 환경에 노출되어 있었다. 아침마다 예지의 어머니는 옷 때문에 예지와 한바탕 전쟁을 치른다는 것이다.

어머니와의 면담 후 예지의 관심을 다른 곳으로 돌리는 것이 선행되어야 한다는 생각이 들었다.

나는 다음과 같은 방법으로 예지의 집중력을 높여보기로 했다.

첫째, 있는 그대로의 모습을 인정해 준다

예지의 관심을 발전적인 방향으로 생각해 볼 수 있도록 격려해 주었다. 예를 들어 옷에 관련된 직업을 함께 찾아보고 역할 영역에서는 미용실을 만들어서 미용실 놀이를 하며 예지가 관심있어 하는 분야에 즐겁게 참여하도록 유도했다.

둘째, 다른 친구들을 칭찬하는 기회를 주었다.

예지에게 친구들의 외모가 아닌 다른 모습들을 중심으로 칭찬할 수 있는 기회를 만들어주었다. 그와 동시에 다른 친구들도 예지를 보며 외모가 아닌 행동이나 마음을 칭찬해 주도록 이끌었다.

셋째, 그림 그리기 시간에 관심 있는 것을 그려보게 했다.

옷에 무늬를 넣어본다거나 디자인 활동을 하며 무엇인가에 집중하는 즐거움을 경험하게 했다.

넷째, 이야기 나누기 시간에 교수 매체의 다양성으로 흥미를 유발했다. 시각적인 자극에 민감한 예지를 위해 예쁜 삽화가 있는 그림동화를 활용하면서 집중시간을 점차 늘려갔다.

다섯째, 질문을 통해 수업 참여도를 높였다.

주의 깊게 들었던 내용에 대해 다시 질문을 하면서 수업의 참여도를 높였다. 예지가 좋아하는 것을 위주로 적절한 보상을 준비함으로써 예지의 자발적인 참여를 유도했다.

얼마 되지 않아 이러한 노력이 효과를 발휘하기 시작했다. 이야기 나누기 시간에 예지의 모습에 변화가 찾아오기 시작한 것이다. 친구의 머리핀에만 관심을 보이던 예지는 오늘은 선생님이 어떤 내용의 이야기를 들려주실까에 관심을 가지게 되었다. 신체 활동 시간에 머리가 흐트러질까봐 집중하지 못하던 예지는 열심히 활동하고 난 후 웃으며 다가와 머리를 다시 묶는 적극적인 아이가 되어 있었다.

예지와 같이 수업시간에 집중하지 못하고 산만하다고 해서 모두

ADHD는 아니다. 아이가 산만한 원인을 파악하는 것이 중요하다. 또 아이가 좋아하는 것에 몰입할 수 있도록 해주고 자신감을 심어주면 많은 도움이 된다.

그런데 아이가 ADHD를 의심할 수 있는 행동을 보이면 반드시 소아청소년정신과 의사와 상의해야 한다. 아이가 ADHD라면 조기에 적절한 치료를 받도록 조치한다. 그렇지 못할 경우 학습 부진을 비롯해 여러 가지 문제가 생길 수 있다. 불안하고 우울해지기도 하고 자기충동을 조절하지 못하기 때문에 학교폭력 혹은 왕따로 이어지기도 한다.

아이가 다소 산만하더라도 내 아이가 가지고 있는 특성을 인정하고 존중해 주는 부모의 자세가 필요하다. 또래보다 발달이 조금 늦거나 서툴러도 흔들림 없이 기다려주는 부모의 관심과 사랑이 중요하다. 부모의 관심과 배려는 내 아이의 무한한 잠재력을 꽃피우는 힘이 된다.

03 공부에 관심이 없어요...

아이가 공부하는 도중에 자꾸 딴짓을 합니다. 뭔가에 집중을 못하고 뭘 시작했다가도 금세 싫증을 내고 포기해버립니다.

집중력은 한 가지 일에 몰두하는 힘이다. 자신의 분야에서 일가를 이룬 성공한 사람들을 보면 몰입이라고 할까 집중력이 높다는 공통점을 가지고 있다.

이제 갓 초등학교에 들어갔거나 입학을 앞두고 있는 아이가 공부에는 관심이 없거나 집중하지 못한다면 부모로선 여간 걱정이 되지 않는다. 특히 공부는 습관이기 때문에 좋은 학습태도가 몸에 배면 절반의 성공을 이룬 것이나 다름없다. 그래서 많은 부모들이 집중하지 못하고 산만한 자신의 아이가 혹시 ADHD가 아닐까 염려하기도 한다.

만일 아이가 ADHD라면 조기에 치료를 해야 한다. 그대로 방치한다면 뇌 발달의 생물학적인 불균형으로 인해 그 증상이 성인기까지 이어질 수 있기 때문이다.

집중력이 부족하면 학습수행 능력이 떨어진다. 공부에 관심이 없고 놀이에만 집중하게 되는 것이다. 이는 결국 학교생활에 부정적인 영향을 끼치게 된다. 집중력이 높으면 짧은 시간에 더 많은 공부를 할 수 있다. 집중력이 없으면 아무리 책상에 오래 앉아 있어도 성적이 제자리걸음이거나 오히려 떨어지게 된다. 실제 우등생들을 살펴보면 지능이 높은 아이보다 집중력이 높다는 것을 알 수 있다.

초등학교 2학년 남자아이를 둔 어머니의 고민이다.

공부도 잘하고 학교에서 반장까지 할 정도로 명랑하고 똑똑한데, 한 가지에 집중을 잘 하지 못합니다. 평소 텔레비전 시청을 즐기고 게임을 많이 하는데 그럴 때는 무서울 정도로 집중을 하더라고요. 식사를 할 때도 텔레비전에서 눈을 떼지 않고 밥을 먹습니다. 여러 번 야단을 치고 타일러도 별 소용이 없습니다.

그런데 학교에서나 학원에서도 주위가 산만하다는 말을 많이 듣습니다. 다른 사람의 일에 관심이 많아 친구들 일에 참견하기를 좋아하고, 피아노 학원 같은 곳에서는 가만히 있지 못하고 틈만 나면 친구들에게 장난을 건다고 합니다. 아무리 타일러도 소용없는데 어떻게 하면 좋을까요?

공부도 잘하고 반장까지 하는 아이가 산만하다는 점을 걱정하는 어머니와 달리 내가 보기에 아이의 문제는 집중력과는 다른 문제라는 인식이 들었다. 성적이 좋은 아이가 집중력이 부족하다는 건 모순이기 때문이다. '아이는 단지 관심이 없는 것에 흥미를 보이지 않는 것이 아닐까?' 하는 의문이 들었다. 사실 어른들이 원하는 모범생이란 무엇이든다 잘하면서 고분고분한 아이겠지만 아이들은 또 다르다.

　텔레비전 시청과 컴퓨터 게임은 과연 얼마나 하면 오래 하는 것일까? 아이가 몇 시간이나 계속 텔레비전을 보거나 컴퓨터 게임에 빠져 있다면 물론 걱정이 될 것이다. 만일 아이가 하루 종일 거기에 매달려 있다면 문제는 더욱 크다. 텔레비전 시청 시간과 컴퓨터 게임 시간을 정해두고 그 시간만 하게 하면 좋은데 이때 일방적으로 정해줄 것이 아니라 아이와 상의하여 결정하는 것이 효과적이다. 저학년부터 습관을 들이지 않으면 고학년이 되거나 중학생이 되면 통제할 수 없게 된다. 아이와 대화를 통해 하루에 얼마만큼 텔레비전을 보고 게임을 할 것인지, 또 공부는 얼마만큼 할 것인지 스스로 정하도록 하는 것이 좋다. 아이는 자신이 정했으니 최선을 다해 지키려고 할 것이기 때문이다.

　이때부터 부모, 특히 엄마의 역할이 크다. 아이가 좋아하는 것에서부터 취미를 가질 수 있도록 이끌어주고 도와주어야 한다. 아이가 전쟁 게임을 즐겨한다면 전쟁이나 역사와 관련된 책 혹은 위인들을 골라서 책을 읽게 한다. 아이가 공룡을 좋아한다면 다양한 공룡에 관한 이야기들이 담겨 있는 책을 선물한다. 이런 식으로 서서히 아이가 텔레비전과 게임으로부터 벗어날 수 있게 도와주는 것이다.

　그리고 부모가 함께해 아이와 보다 많은 대화 시간을 갖는다. 엄마는 부엌에서 설거지하고 아빠는 신문이나 텔레비전을 보며 아이에게 "공부하라."고 다그치기보다, 아이와 함께 텔레비전을 시청하고 책을 읽고 이야기를 나누는 것이다. 부모가 텔레비전을 하루종일 시청하면서, 책 읽는 모습은 보여주지도 않으면서 아이에게만 강요하는 건 바람직하지 않다. 아이는 부모의 모습을 보고 그대로 따라한다.

　공부에는 관심이 없고 놀기만 좋아하는 아이, 산만해서 걱정인 아이의 부모라면 각별히 주의할 것이 있다. 아이가 자신이 산만한 아이, 집중력이 없는 아이라는 점을 각인하지 않도록 배려해야 하는 것이다. 아이가 듣고 있는데 "아이가 산만해서 걱정이다!"는 말로 문제 행동의 심각성을 부각시키면 아이 스스로 자신은 산만한 아이라고 결론을 내리게 되고 이는 돌이킬 수 없는 결과를 초래하게 된다. 자기에게 자신감이 없는 아이의 불안은 더욱 산만해지는 결과를 초래할 뿐이다.

지금은 다소 부족하지만 잘할 수 있다고 믿어주고 격려하면 아이는 기대 이상의 멋진 모습을 보여준다.

04 집중력이 없어요···

아침에 등원한 아이들에게 선생님이 하루 일과를 알려주는 동안 맨 앞에 앉은 현준이는 손가락으로 모양을 만들며 혼잣말을 하고 있다. 선생님이 이름을 부르고 눈을 마주치자 고개를 끄덕이고 손을 무릎에 올려 놓는다. 그리고 선생님 말씀을 잘 듣는 듯했다.

이야기 나누기 활동 후 아이들의 흥미를 유발시키는 과정에서 선생님이 현준이에게 질문을 했다.

"선생님이 무슨 이야기를 했을까요?"

현준이는 배운 내용을 금세 잊어버렸는지 망설이다가 "기억이 잘 안 나요."라고 대답했다.

학령 전 아동이나 유아들의 집중 시간은 그다지 길지 않다. 일반적으로 만 3세는 평균 3분, 만 5세는 평균 5분 정도이다. 또한 한 가지 활동이 지속되는 시간의 길이를 나타내는 주의지속 시간은 만 5세 아이의 경우 평균 14분 정도이다. 그러나 아이의 관심과 흥미, 이해 정도에 따라서 집중력이 조금 더 짧아지거나 늘어나기도 한다.

한 가지 놀이나 공부에 몰입할 수 있는 능력을 나타내는 집중력은 아이의 심리적 신체적 건강 상태에 따라서 크게 달라질 수 있다. 예민하다거나 기분이 안 좋을 때, 몸이 아프거나 피곤할 때, 졸리고 배가 고플 때 집중력이 떨어진다. 이외에도 아이의 발달단계에 맞지 않은 과정에 참여했을 때 아이는 흥미를 잃으며 당연히 집중하기 어렵다. 준비가 안 된 상태의 아이에게 한꺼번에 많은 것을 가르치고 싶은 것은 부모의 욕심이다.

아이의 집중력 강화 훈련 프로그램을 개발한 유아교육 전문가 모니카 치머만은 "집중력이 뛰어난 아이가 학습 능력도 뛰어나다."고 말한다. 수업시간에 집중하여 공부하는 학생들이 그렇지 못한 학생들에 비해 성적이 현저히 높은 것과 일맥상통한다. 집중력이 뛰어난 아이는 놀이나 학습뿐 아니라 여러 가지 현상에 대해 빠르게 이해한다. 집중력이 약한 아이에 비해 학습 이해도가 높다.

유아기의 집중력은 무언가에 열중해본 경험을 통해 키워진다. 어떤 면에서 보면 아이들, 특히 유아기의 집중력은 최고이다. 특히 좋아하는 놀이를 할 때 옆에서 불러도 모를 정도로 놀라운 집중력을 보인다. 대체적으로 보면 만 5세가 지나면서 조금씩 약해진다. 전문가들은 그래서 아이의 집중력을 길러주는 연습은 어릴 때 시작할수록 더 빠르고 효과적이라고 조언한다.

유아들은 자신이 참여하는 활동, 즉 놀이나 학습을 통해서 집중력을 향상시켜 나가는 한편으로, 자신이 하고 있는 활동에 흥미가 없어지면 금세 집중력을 잃어버린다. 따라서 아이에게 맞는 다양한 활동을 제공하는 것이 좋다.

김민서라는 아이가 생각난다. 민서는 다른 아이들과 달리 블록놀이나 퍼즐놀이를 하다가도 금세 그 놀이에 흥미를 잃어버리곤 했다. 그리고 점심시간에 민서는 다른 아이들에 비해 밥먹는 속도가 유난히 빨랐는데, 어느 날 민서에게 아침을 먹고 오는지 물어보았더니 엄마가 늦게 일어나기 때문에 밥을 먹지 못하고 온다는 대답이었다. 민서의 집중력이 떨어지는 이유 가운데 하나는 아침식사를 하지 못한 데서 비롯되었다는 것을 알 수 있었다. 고민 끝에 민서 어머니에게 전화를 걸어 민서를 위해 아침밥은 꼭 먹여서 보내달라고 당부했다.

아침밥을 먹고 난 뒤부터 민서의 수업태도는 훨씬 양호해졌다. 이처럼 집중도를 떨어뜨리는 요인은 사람마다 다르므로 주의깊게 관찰한다.

아침을 먹는 것이 좋은가 안 좋은가 하는 의견은 지금도 분분하지만 성장기의 아이들은 아침밥을 먹는 것이 좋다는 것이 내 생각이다. 아침밥을 먹어야 뇌에 영양분을 공급하여 활발한 두뇌활동과 더불어 집중력이 높아진다.

활동이 너무 과다했다거나 어떤 음식에 지나치게 민감하거나 알레르기를 가지고 있을 때도 집중력이 떨어진다. 반응을 보이는 알레르기 종류도 하도 다양해서 유치원의 경우 아이들이 어떤 식품에 알레르기 반응이 나타나는지 미리 파악하고 있다.

환경적인 요소도 집중력과 관계 깊다. 어질러진 방이나 지나친 소음이나 악취가 대표적이다.

아이의 집중력을 위해 부모가 노력해야 할 것이 무엇인지 알아보자.

첫째, 아이의 일상생활을 잘 계획해서 규칙적으로 따를 수 있도록 한다. 특히 일정한 시간에 자고 일어나는 습관은 몸의 컨디션이나 정신 건강에 좋으며 하루를 차분하게 한다.

둘째, 아침밥을 먹는 것이 좋은데 집중력을 떨어뜨리는 인스턴트 식품은 피한다.

셋째, 아이의 방을 청색 계통으로 꾸며서 차분한 분위기를 연출한다. 또한 방은 정리정돈을 해서 깔끔한 상태를 유지한다.

넷째, 힘이 넘쳐나는 아이들에게는 차분히 앉아서 하는 놀이보다 공놀이나 태권도, 무용 등과 같은 활동적인 스포츠 계통의 놀이가 더 좋다. 태권도와 같은 운동은 규칙이 엄격하고 일정한 구령에 맞춰 동작을 하기 때문에 통제 능력을 배울 수 있다.

다섯째, 아이의 행동이 산만하다고 해서 잔소리를 하거나 야단치지 않는다. 아이가 가장 컨디션이 좋은 시간대에 관심이나 흥미를 보이는 활동을 하게 함으로써 성취감을 맛보게 한다.

여섯째, 아이의 건강에 신경을 쓴다. 몸이 약하면 쉽게 지치고 집중력이 떨어지게 된다. 집중력 강한 아이로 기르기 위해서는 체력에 신경을 쓴다.

일곱째, 칭찬을 많이 해준다. 자주 야단을 맞는 아이는 자존감이 떨어져 의욕과 자신감이 없다. 자신감이 없는 아이는 더욱 산만해져 집중력이 떨어지게 된다. 아이가 실수나 잘못을 했을 때 아이의 입장에서 공감해주고 잘할 때는 지나치다 싶을 정도로 칭찬해 준다.

여덟째, 부모가 먼저 집중하는 모습을 보여 준다. 독서나 바둑, 퍼즐 맞추기 등 자신의 취미에 몰입하는 모습을 보여준다. 아이는 자연스레 몰입하는 부모의 모습을 따라하게 된다.

아홉째, 차분하고 집중력을 길러주는 놀이를 하게 한다. 블록 놀이,

구슬 꿰기, 가위로 종이 오리기, 종이 접기, 말 잇기 등과 같이 고도의 집중력이 필요한 놀이를 해 평소에 집중력을 기른다.

유아들은 집중할 수 있는 시간이 지극히 짧다. 따라서 배운 내용을 금세 잊어버린다고 해서 실망할 필요가 없다.

집중력을 높이는 데 가장 중요한 요소는 칭찬과 격려이다. 칭찬은 고래도 춤추게 한다는 말처럼 아이들은 부모로부터 긍정적인 피드백을 받았을 때 자신감이 높아질 뿐 아니라 집중력도 향상된다.

사랑과 칭찬, 격려가 집중력을 높이는 키워드인 셈이다.

Tip 집중력 · 기초학습 능력 키우는 유아놀이

1. 엄마 · 아빠표 퍼즐(준비물: 직접 만든 퍼즐)
연령대에 맞는 퍼즐을 맞춰나가면 협동심과 집중력을 키울 수 있다. 잡지 · 달력 등을 이용해 엄마아빠가 직접 만들어보자.

2. 카드 뒤집기(준비물: 같은 모양의 카드 두 벌)
같은 모양의 카드 여러 쌍을 뒤집어 놓고, 카드를 하나씩 뒤집어 같은 모양을 찾는 놀이. 초시계로 시간을 재어서 찾은 시간을 기록하고, 다음번에 이전 기록을 깰 수 있도록 격려한다. 실패를 받아들이고 충동조절을 하는 능력, 집중력, 기억력 향상에 도움이 된다.

3. 마트에서 장보기(준비물: 구입할 물건 목록)
복잡하고 시끄러운 마트에서 구입할 물건을 찾으려면 시각적으로 또 청각에도 집중해야 하므로, 시청각적 집중력 발달에 좋다. 목표물을 찾아 장바구니에 넣으며 성취감도 느낄 수 있다.

4. 색깔클립 놀이(준비물: 하드보드지, 색깔클립)

같은 색끼리 같은 수만큼 짝을 짓는 놀이. 같은 색과 다른 색을 구별하면서 분류 개념을, 같은 수만큼 짝을 지으면서 수 개념 발달을 돕는다.

5. 가방 챙기기 놀이(준비물: 가방, 준비물을 적은 목록, 각종 준비물)

스스로 준비물을 챙기면서 성취감을 느끼고 책임감을 키워주는 놀이다. 엄마아빠가 목록에 있는 준비물을 하나씩 불러주면 자녀가 하나씩 찾아 가방에 넣는다. 끝나면 빠진 물건이 없는지 가방 안 물건과 목록을 하나씩 비교해 본다.

6. 좌표 속 글자 · 모양 옮기기 놀이(준비물: 10×10칸이 그려진 종이, 필기 도구)

아이가 배운 글자와 여러 가지 모양을 담은 10×10칸 학습지를 만든다. 그런 다음 비어 있는 10×10칸 학습지에 똑같이 옮겨쓰기를 해본다. 집중력과 기억력, 시 · 공간지각 발달, 과제 인내력 등을 키울 수 있다.

7. 모양 바꾸기 놀이(준비물: 종이, 필기도구)

여러 가지 모양을 특정 숫자와 짝을 지어놓고 모양을 숫자로 바꾸는 놀이다. '☆→1, ○→5, △→10, □→15'와 같이 규칙을 정하고 '□△☆ △○□ □☆○'을 숫자로 바꿔보는 식이다. 과제인내력, 집중력, 기억력 발달에 효과적이다.

(조선일보 2009. 7. 20. '놀이로 공부에 흥미 붙여주세요' 오선영 기자)

05 성적이 안 올라요···

"우리 아이는 머리는 좋은데 공부를 안 해요."

"우리 아이는 밤낮으로 책상에 앉아있는데 성적이 오르지 않아요."

성적이 낮은 아이들 어머니의 하소연이다. 그런데 생각해 보자. 머리가 좋다고 모두 공부를 잘하는 것도 아니고, 책상에 오래 앉아 있다고 무조건 성적이 오르는 게 아니라는 건 삼척동자도 아는 사실이 아닌가.

엄마들은 아이의 성적을 올리기 위해 온 정성을 다 쏟는다. 돈이 없어도 아이가 읽을 책을 전집으로 사들이고 사교육비에 생활비를 쏟아붓는다. 그런데도 아이의 성적이 오르지 않으니 엄마들은 허탈하고 불안하다.

성적이 오르지 않으면 부모 못지않게 아이도 스트레스를 받고 의욕이 저하된다.

아이가 공부를 잘하기 위해서는 부모의 주의 깊은 관찰이 필요하다. 아이가 열심히 공부하는데도 성적이 제자리걸음이라면 다음 사항을 체크해 본다.

❶ 아이의 성격과 적성은 어떠한가?
❷ 학습법이 아이와 잘 맞는가?
❸ ADHD나 학습장애를 가지고 있지는 않은가?
❹ 우울증이나 강박증, 불안증 같은 질환을 앓고 있지는 않은가?

집중력은 건강 상태와도 상관이 깊다. 아이에게 비염, 만성피로, 불면증, 두통, 요통, 소화불량 등 공부하는 데 방해가 되는 질환이 없는지 꼼꼼히 체크한다. 질환이 발견되면 즉시 치료를 받는다.

공부를 잘하기 위해선 지능과 집중력, 이 두 가지가 필요한데 이 두 가지를 동시에 가진 학생들이 성적이 좋은 건 당연한 일이다.

부모의 핀잔이나 잔소리는 아이에게 스트레스를 가중시킨다. 스트레스는 집중력을 떨어뜨리는 주범이다. 여러 가지 정신적·신체적 문제를 유발해 학습능력을 떨어뜨리므로 아이에게 핀잔과 잔소리는 오히려 독이 된다는 사실을 명심한다.

초등학교 3학년 아들을 둔 엄마입니다. 지금까지 잘 자라준 건 고마운데, 학년이 올라갈수록 성적 때문에 속이 상합니다. 성적이 좋지 않거든요. 내 친구들의 아이는 모두 우등생이어서 모임에 나가면 기운이 빠집니다. 아이에게 신경을 안 쓰는 것도 아닌데, 왜 아이의 성적이 오르지 않는지 모르겠습니다. 과외도 학원도 남들 하는 만큼 모두 하고 있는데 말이에요.

자녀의 성적 때문에 고민인 부모를 만나면 아이에게 먼저 학습동기를 유발해야 한다고 조언한다. 그러기 위해선 충분한 대화를 통해 아이가 어떤 과목을 제일 좋아하는지, 어떤 과목이 제일 어려운지, 나아가 커서 어떤 직업을 갖고 싶은지 등에 대해 알고 있는 것이 좋다. 그래야 구체적인 목표를 세우고 공부에 매진할 수 있다.

부모는 아이가 공부를 하고 싶도록 꾸준히 동기부여를 해준다. 그리고 아이가 기초가 부족한 경우 개별 학습관리를 통해 기초실력을 보강해야 한다. 노트 필기를 꼼꼼히 하고 내용을 제대로 이해할 때까지 반복해서 학습하는 훈련이 충분히 이뤄지도록 지도한다.

공부 잘하는 학생들은 대개 자기 주도적인 학습을 한다. 부모가 시켜서 공부하는 아이와 스스로 알아서 공부하는 아이는 다를 수밖에 없다. 그렇다면 어떻게 내 아이를 자기 주도적인 학습을 하도록 이끌 수 있을까?

첫째, 지금의 과제보다 한 단계 높은 과제를 시킨다

아이의 현재 수준보다 조금 높은 수준의 과제를 제시한다. 아이는 어려운 과제도전에 성공함으로써 자신감을 가지게 되어 더 높은 단계에 도전하려는 의욕이 생겨난다. 그러나 현 수준보다 너무 높은 수준의 과제를 제시하면 좌절하여 포기하기 쉽다.

둘째, 성적이 낮은 과목부터 선택하여 도전한다

높은 성적이 나오는 과목은 대개 아이가 좋아하거나 자신 있는 과목이다. 그래서 대부분의 아이들은 성적이 잘 나오는 과목 위주로 공부를 하려고 한다. 성적이 낮은 과목에 관심을 갖고 스스로 공부하도록 유도한다.

셋째, 성적이 오르지 않는 원인을 파악한다
아이의 성적이 오르지 않는 원인을 아이와 함께 대화를 통해 찾아본다. 분명히 원인이 있다. 원인을 알아야 방법을 모색할 수 있지 않겠는가.

넷째, 문제점을 정확하게 인식하고 받아들인다.
실패나 실수를 인정해야 다음 단계로 나아갈 수 있다. 자신의 문제점을 스스로 인정하며 실패의 악순환이 반복되지 않도록 한다.

'내 아이의 학교수업에 대한 이해도가 어느 정도인지'를 객관적으로 평가하고 파악하는 일이 선행되어야 한다.
아이의 성적이 오르지 않는다고 해서 화를 내거나 조바심을 내어선 안 된다. 앞에서 계속 되풀이해온 이야기지만 조바심과 잔소리와 스트레스의 역효과는 가공할 만하다. 성적을 잃는 것은 순간의 일이지만 자신감을 잃는 것은 그 어떤 것으로도 다시 살 수 없다는 사실을 명심한다.
아이의 공부 방법에 문제가 있을 수도 있다. 이런 경우 부모가 나서서 아이에게 맞는 학습방법과 태도를 찾아본다. 학교 선생님의 도움을 받을 수도 있고, 전문 컨설턴트의 도움을 받을 수도 있다.
마지막으로 확인할 것은 내 아이의 공부를 방해하는 요소들을 제거하는 것이다. 그리하여 아이에게 최적의 학습 분위기를 제공해 준다.
무엇보다 내 아이는 특별한 아이라는 프레임에서 벗어나야 한다. 물론 내 아이는 내게 특별하다. 하지만 학습 부분에서는 냉철하고 객관적인 시선으로 바라본다. 내 아이를 특별한 아이라고 생각하는 순간, 그 프레임에 갇혀 아이를 제대로 키울 수 없다.

아이는 부모의 말없는 관심과 지지와 격려를 필요로 한다는 사실을 잊지 말자.

Tip 성적 향상을 위한 세 가지 솔루션

첫째, 책상 위에 공부할 책들을 펼쳐놓는다

책상 위에는 그날 공부할 책과 노트, 문제집을 순서대로 쌓아놓고, 다 본 책은 하나씩 정리한다. 그렇게 하다보면 성취감과 뿌듯함을 느낄 수 있어 학습 의욕을 높일 수 있다.

둘째, 시험 준비는 전략적으로 한다

시험공부를 할 때는 어렵고 싫어하는 과목부터 하는 것이 좋다. 그 다음에는 내가 가장 좋아하는 과목을 할 수 있다는 기대감 때문이다. 부담되는 과목과 좋아하는 과목을 짝지어서 공부해도 학습 의욕을 높이는 데 도움이 된다.

셋째, 복습은 짧은 시간에 한다

인간의 기억에서 한 시간 후의 망각률은 60%에 달하고 8시간이 지나면 80%가 망각되어 20%만이 남는다. 배운 것을 10분간 다시 한 번 복습하면 학습효과는 놀라울 만큼 높아진다. 방금 배운 것을 다시 한 번 복습하면 망각률도 줄어든다.

06 책읽기를 싫어해요···

독서는 인생을 풍부하게 한다. 독서를 통해 시대와 공간을 초월하여 사람들의 생각을 만나고 경험을 공유한다. 지성과 교양 하면 제일 먼저 떠오르는 것이 책읽기다. 요즘은 논술과 관련하여 책읽기의 필요성과 중요성은 계속 증가 추세인데 아이가 독서를 싫어해서 고민인 부모들이 많다. 읽으라는 책은 읽지 않고 텔레비전이나 컴퓨터 게임에 푹 빠져 있는 아이를 볼 때 부모의 마음은 답답하기만 하다.

최근 한 조사에 의하면 우리나라 초등학생들은 고학년으로 올라갈수록 책 읽기를 싫어한다는 결과가 나왔다. 경인교대 연구팀이 전국 초등생 2만 7,458명을 대상으로 '읽기태도'를 연구한 보고서에 따르면 우리나라 초등생의 읽기태도 점수는 100점 만점에 평균 71.9점으로 평가되었다.

문제는 학년이 올라갈수록 '읽기태도'가 나빠진다는 것이다. 초등 6학년의 '읽기태도' 점수는 1학년보다 무려 9.9점이나 낮다. 읽기가 중요한 이유는 읽기능력이 곧 성적과 직결되기 때문이다. 독해력이 낮은 학생은 국어 교과서 본문을 이해하는 것조차 어렵다. 한 문단을 읽은 뒤 다음 문단으로 넘어가면서 방금 전 무엇을 읽었는지 기억하지 못하는 학생들도 적지 않다. 심지어는 앞 문단과 뒤의 문단이 어떤 관계에 있는지 파악하지 못하는 학생들도 있다.

상급학교로 진학할수록 읽기능력은 국어에만 국한되지 않는다. 사회, 과학에서도 문제와 함께 제시된 읽기 자료의 의미를 파악하지 못해 열심히 문제를 읽고도 뜻을 알지 못해 답을 고르지 못하는 경우도 허다하다.

읽기능력이 떨어지면 성적도 함께 떨어지게 된다. 아이들이 독서에 취미를 붙이게 하기 위해 부모들이 그토록 애를 쓰는 이유가 바로 여기에 있다. 독서를 생활화하기 위해 아이가 책을 싫어하는 이유부터 살펴본다.

아이들이 책을 읽지 않는 이유는 다양하다. 특히 요즘 아이들은 텔레비전이나 컴퓨터 같은 움직이는 영상에 익숙해진 탓에 텍스트로 된 책 읽기가 지루하게 느껴진다. 화면은 아무 생각없이 보고만 있어도 이해가 되지만, 책은 읽으면서 생각을 해야 할 뿐 아니라 자극적인 재미도 없어 흥미가 떨어진다. 따라서 이미 영상매체에 익숙해진 아이들은 책을 가까이 하기가 쉽지 않다.

아이들이 책과 멀어진 이유 가운데 하나는 부족한 시간이다. 책을 싫어하는 아이들에게 "왜 책을 읽지 않느냐?"고 물었더니 "시간이 없어서!"라고 대답하는 아이들이 대부분이었다. 학교에서 공부하고, 숙제하고, 서너 군데의 학원에 갔다오면 피곤해서 책 읽을 시간이 없다. 누구라도 그런 상황에서 책을 읽고 싶은 생각이 들 리 만무하다.

독서를 싫어하는 또 한 가지 이유는 아이가 읽고 싶은 책과 부모나 학교가 권장하는 책이 다르기 때문이다.

읽기 능력이 떨어지는 아이에게 텍스트가 많은 책을 읽게 하거나 너무 두꺼운 책을 읽으라고 해도 고역이다. 이런 아이들에게는 또래 아이들의 사는 모습을 다룬 국내 창작동화부터 읽히는 것이 좋다. 처음 책에 재미를 붙이는 어린이에게는 장편보다 단편이 적합하다. 아이는 자신과 비슷한 또래의 어린이가 자신과 비슷한 경험을 하는 책에 일단 호기심을 갖는다.

책을 싫어하는 아이에게는 어김없이 평소 거의 책을 읽지 않는 부모가 있다.(물론 예외는 있다.) 아이는 책보다 텔레비전이나 인터넷을 가까이 하는 부모를 닮아가게 돼 있다. 따라서 가족 전체가 책읽는 분위기가 중요하다. 아이가 마음먹고 책을 읽으려는데 부모라는 사람이 거실에서 텔레비전을 보고 큰소리로 웃는다면 책에 대한 흥미는 떨어지게 마련이다.

아이가 책을 읽는 모습을 보거나 책을 한 권 다 읽었을 때는 칭찬을 아끼지 않는다. 아이는 부모를 기쁘게 하기 위해 또 칭찬을 받기 위해 책을 읽게 되고, 이런 과정을 반복하다 보면 어느새 독서의 즐거움에 빠지지 않을까?

다음은 책과 담을 쌓은 아이를 책벌레로 만들어주는 여섯 가지 방법이다.

첫째, 평소 부모가 먼저 책을 읽는 모습을 보여준다. 하루 중 단 몇 분만이라도 부모의 책 읽는 모습을 본 아이들과 그렇지 않은 아이들의 책

읽기 습관에는 큰 차이가 있다.

둘째, 아이와 함께 서점을 방문해 아이가 좋아하는 책을 사준다. 아이는 자신이 직접 고른 책에 무한한 애착을 가지는 경향이 있다. 부모가 일방적으로 권한 책보다 애정을 가지고 책을 읽게 된다.

셋째, 책을 읽은 후 내용에 대해 아이와 대화하는 시간을 가진다. 주인공이나 책의 내용에 대하여 이야기하는 것도 일종의 메모다. 만약 아이가 주인공이라면 어떻게 행동했을지, 주인공의 친구라면 어떻게 행동했을지 등 책의 등장인물들과 구체적으로 연결 지어 이야기를 나눈다.

넷째, 책을 읽은 후 간단히 독서 감상문을 쓰게 한다. 처음부터 긴 문장의 독서 감상문을 쓰게 하면 아이에게 부담을 주게 되어 오히려 역효과가 난다. 책을 읽으며 느꼈던 점이나 부모와 대화를 하면서 생각했던 점들을 짧게나마 적어본다.

다섯째, 어려운 용어가 나오면 아이와 함께 직접 사전을 찾아본다. 부모와 직접 어려운 용어를 찾아봄으로써 자연스레 책을 가까이 하게 된다.

여섯째, 친한 친구들과 소그룹을 만들어 독서 모임을 만드는 것도 도움이 된다. 혼자 책을 읽기보다 친구들과 어울려 책을 읽다보면 재미도 있고 약간의 경쟁의식이 생겨 덜 지루하다. 책 읽기를 마친 후 친구들과 책 내용에 대해 이야기를 나눈다.

마지막으로 부모는 아이에게 책 한 권을 끝까지 읽혀야 한다는 의무감을 버려야 한다. 손에 든 책을 끝까지 무조건 다 읽게 하는 것보다, 아이가 책을 좋아하게 하는 것이 더 중요하다.

아이에게 하루에 읽을 분량을 정해주는 엄마들이 있는데 이는 오히려 역효과를 낳는다. 분량을 정하게 되면 아이는 책읽는 것 자체를 또 하나의 숙제나 공부라고 여기게 되어 따분해할 수 있다. 분량을 정하기보다 아이가 알아서 조금씩 읽는 것이 좋다.

Tip 좋은 책 고르는 요령

첫째, 딱히 원하는 책이 없을 경우 많은 사람들이 권하는 책을 고른다

서점에 가보면 수천수만 권의 책이 있다. 그 많은 책 중에서 어떤 책을 선택해야 할지 난감하다. 그때 다음과 같은 상식을 가지고 가면 마음에 쏙 드는 책을 고를 수 있다.

먼저 아이의 수준에 맞는 책을 골라 본문을 한두 쪽 읽어본다. 이렇게 읽다보면 아이가 좋아할 만한 책인지, 아이의 읽기 능력에 적합한지 판단이 서게 된다. 그리고 많이 팔린 책은 재미와 내용 면에서 어느 정도 보증을 받았다고 할 수 있다. 평론가나 전문가들이 권하는 책도 참고로 한다.

둘째, 권위 있는 출판사의 책을 구입한다

권위 있는 출판사에서 펴낸 책을 구입하는 것이 좋다. 그리고 출판사가 그동안 어떤 책을 출간했는지 살펴보면 좋은 책을 선택하는데 도움이 된다. 특히 파격적인 세일가로 파는 책은 무조건 덥석 집어들지 않는다. 독자들이 찾지 않기 때문에 재고를 싸게 파는 것일 확률이 높다. (물론 권위 있는 출판사, 유명한 출판사의 책이 무조건 좋은 것은 아니다.)

셋째, 출간된 지 오래된 책은 피한다

출간한 지 오래된 것도 좋은 책들이 많지만, 너무 오래 전에 출간된 책은 피하는 것이 좋다. 특히 아이들이 읽는 책은 가장 최근의 맞춤법에 의거하여 나온 책이 좋다.

넷째, 동화집·동시집·동요집은 알맞은 두께를 고려한다

동화집과 동시, 동요집은 쪽수를 참고 한다. 대체로 동화집은 200쪽 내외, 동요, 동시집은 100쪽 내외의 책이 무난하다.

동화책을 구입할 때 글자, 사진, 그림이 선명한가 체크한다. 파는 책들은 글씨나 자료 사진, 본문 사이에 들어있는 그림들이 조잡하고 선명하지 못한 경우가 많다. 활자, 사진, 그림이 선명한 책을 선택한다.

다섯째, 가급적 낱권으로 구입한다

책은 수십 권으로 된 전집으로 사는 것보다 서점에서 낱권으로 사서 읽는 것이 좋다. 전집은 진열해 놓고 남에게 자랑하기는 좋지만 그 책을 모두 읽기는 어렵다. 책장에 빼곡히 꽂혀 있는 것만 봐도 질리기 때문이다.

아무리 비싸고 화려한 책일지라도 아이가 읽지 않는다면 아무런 소용이 없다. 꼭 필요한 책을 그때그때 사서 읽는 습관이 좋은 독서습관과 연결된다.

Tip 상황별 책 고르는 요령

텔레비전만 가까이하는 아이

텔레비전 시청에만 너무 익숙해 있다면 TV 프로그램과 관련된 책을 읽는 것도 도움이 된다. 예) 이순신; 해신; 광개토대왕; 장보고; 주몽 등이 나오는 위인전.

산만해서 책만 보면 조는 아이

자신의 관심사에 맞는 책을 읽히는 것이 중요하다. 위인들에 관심이 있으면 위인전을, 과학에 관심이 있으면 과학 관련 책을 읽힌다. 자기가 좋아하는 분야의 책을 읽게 되면 책읽기를 싫어하는 아이도 집중력이 높아진다.

만화책만 보는 아이

만화책만 읽으려는 아이는 그림으로 책을 읽는 것에 익숙해져 활자가 많은 책 읽기를 피한다. 그러다 보니 이해력이 부족한 편이다. 만화의 형식에 유익한 내용이 담겨 있는 만화책을 읽히면 이해력 향상에도 도움이 되지만 차츰 그림보다 글의 비중이 높은 책으로 바꿔 나가는 것이 좋다.

너무 두꺼운 책과 장편

너무 두껍지 않은 단편집을 먼저 읽는 것이 좋다. 처음부터 너무 두껍고 호흡이 긴 장편동화를 읽게 되면 지루해 하고 책에 대한 거부감이 생겨 독서와 멀어질 수 있다.

07 숙제를 하지 않으려 해요 ...

이상하게 아이고 어른이고 숙제라면 자꾸 미루게 되는 특성이 있다. 그 중에서도 방학숙제는 정말 골칫덩이이다. 특히 한달이 넘는 분량의 일기를 한꺼번에 쓰려고 하면 한숨이 절로 나왔던 기억은 누구에게나 있을 것이다. 성인이 되고 부모가 된 지금도 그 때를 떠올리면 웃음이 나온다. 숙제는 반강제적인 것이어서 그토록 하기 싫었던 것일까?

주위를 둘러보면 숙제하기 싫어하는 아이 때문에 고민하는 부모들이 많다. 숙제는 학교와 선생님과의 약속이라고 달래도 보고 야단도 쳐보지만 하고 싶은 놀이 앞에서 숙제는 번번이 뒷전으로 밀려난다.

올해 만 3세인 남자아이를 둔 엄마입니다. 유치원에서 언어 전달과 영어 전달 숙제를 가지고 오는데, 일곱 살인 형은 알아서 잘하는 반면에 동생은 숙제 따위는 안중에도 없습니다. 일곱 살 형의 공부 시작 시기가 남들보다 한참 늦었기 때문에 동생에게 좀더 신경을 쓰려고 하는데 유치원에서 배우는 간단한 단어를 쓰는 것조차 버거워해서 걱정이에요.

☕ 유치원에 다니는 6세 남자아이입니다. 방과후 수업으로 영어를 시키고 있는데 숙제를 자주 내주시더라고요. 간단한 색칠과 알파벳 쓰기 정도. 그런데 아이가 왼손잡이라 쓰기에 약해서인지 숙제하기를 싫어합니다. 숙제를 안 해가도 혼나진 않으니까 그냥 갈 때도 있고요. 억지로 시키자니 벌써부터 스트레스를 주는 거 같고, 하지 말라고 하려니 숙제를 내준 선생님을 무시하는 것 같고, 고민이네요.

☕ 올해 아이가 초등학교 4학년이 됩니다. 직장맘이라 잘 챙겨주지는 못하고, 아이는 공부방과 영어학원에만 다니고 낮에는 가정 탁아를 하고 있어요. 아이가 낮에 있는 집이 우리 집 바로 옆이고 태어날 때부터 봐주셔서 벌써 10년이 되었네요. 부모가 신경 못 쓰는 것에 비하면 아이의 성적도 좋았고, 안쓰러움에 저녁에는 숙제나 다른 공부를 강요하지는 않고 최소한만 하도록 했습니다. 그런데 초등학교 4학년이 되니 숙제를 아예 하려고 들지 않아요. 요즘은 주말에 몰아서 밀린 숙제를 시키느라 진땀을 뺍니다.

아이가 숙제를 안하면 벌(체벌)을 주는 부모가 있다. 숙제를 꼭 해야 한다는 강력한 의지의 표명이다. 그런데 체벌은 생각만큼 효과가 없다. 매를 무서워하는 아이도 있지만 "한 대 맞고 말지!" 하는 아이도 있을 정도다.

아이가 숙제를 하기 싫어하는 원인을 알기 위해 진지한 대화가 필요하다. 대화에 앞서 아이가 속마음을 털어놓을 수 있도록 편안한 분위기를 조성한다.

교육을 위해서 부득이하게 최소한의 체벌을 해야 한다면 그 체벌에는 사랑이 담겨 있어야 한다. 사랑이 결여된 체벌은 폭력일 뿐이다. 또한 체벌이 자백을 받거나 위협하는 수단이 되어선 안 된다. 아이에게 벌을 줄 때는 미워서 그런 것이 아니라 너무 사랑해서 그러는 것이라고 아이에게 알려준다. 아이가 반성하는 빛을 보이면 따뜻한 사랑으로 안아주는 것이 좋다.

체벌은 가급적 피해야 한다. 어려서부터 아이를 체벌하게 되면 소심하고 자신감이 부족한 아이로 자랄 가능성이 높다.

지혜로운 부모들은 아이에게 "숙제 할래, 안 할래?"라는 말은 하지 않는다. 그 대신 "지금 숙제 할래? 아니면 그 만화 다 보고 할래?" 하고 긍정적인 선택권을 아이에게 준다. 강요를 당하는 것이 아니라 아이 스스로 결정하게 만드는 것이다.

첫 번째 화법과 두 번째 화법은 사소한 것 같지만 큰 차이가 있다. 첫 번째 화법은 엄마가 또 잔소리를 한다는 생각에 인상부터 찌푸려진다. 그러나 두 번째 화법은 '지금 숙제 하는 것'과 '만화를 보고 나서 숙제하는 것' 가운데 스스로 결정하게 함으로써 아이 스스로 똑똑한 선택을 하도록 교묘하게 유도하는 것이다.

막무가내로 아이가 숙제를 하지 않으려 한다면 먼저 부모의 평소 생활 모습을 돌아볼 필요가 있다. 컴퓨터를 끄고 숙제하라고 하면서 텔레비전 드라마에 푹 빠진 엄마, 게임 좀 그만하라고 말하면서 술·담배를 못 끊는 아빠, 책을 읽으라고 말하면서 평소 책과 담 쌓은 부모…. 이런 부모의 모습을 보면서 아이는 자신도 모르게 좋아하는 것만 하게 되고,

하기 싫은 것은 하지 않는 습관을 가지게 된다.

숙제를 강제로 시키면 아이는 표면적으로는 고분고분 듣는척하지만 숙제를 더더욱 싫어하게 된다. 아이가 숙제를 스스로 하게끔 만들기 위해 아이의 생활 습관에 포인트를 맞출 필요가 있다.

- 아이와 독서하면서 토론하기
- 문화유적지나 전시회 등을 찾아다녀 아이의 호기심을 자극하기
- 아이와 함께 운동을 하면서 친밀감 높이기
- 과학실험이나 요리 실습 등을 통해 아이의 호기심 자극하기

공부도, 독서도, 아이가 스스로 선택하는 자기주도형의 형태가 되면 반감이나 저항은 줄어들고 즐거운 것이 된다. 그러므로 아이에게 하는 말 한 마디도 신경 써서 하고 아이가 무엇이든 스스로 하도록 이끈다. 시간이 지나면서 아이는 독서나 공부와 친해져 스스로 책을 펼치게 된다.

아이들은 엄청난 에너지를 가지고 있다. 그 에너지를 좋은 에너지로 전환시켜 주는 것은 어디까지나 부모의 몫이라는 사실을 잊지 않는다.

Tip — 숙제할 수 있는 권리

아이들은 대부분 숙제는 잔소리를 듣지 않기 위해, 야단 맞지 않기 위해 억지로
하는 것이라고 생각한다. 숙제와 공부를 흥정의 대상으로 삼는 부모들도 많다.
"숙제를 잘하면 무엇을 해줄게!" 하는 부모의 말이 그것이다.
중요한 것은 아이가 무엇을 할 때 느끼는 즐거움과 성취감과 자존감이다.
아이가 숙제를 하기 싫어하면 이렇게 말해보자.
"이제부터 네가 숙제할 수 있는 권리를 빼앗을 테니까 앞으로 숙제하지 마."
의무가 아닌 권리로 숙제를 바꾸는 것이다.

PART 5

평생
자산이 될
단단한 속마음
코칭하기

감 정 을 잘 다 루 는 아 이 가 행 복 하 다

행복은 마음에 달려 있다고 흔히 얘기한다. 제각각 생각하기 나름이라는 것이다. 감정을 잘 컨트롤하지 못하는 사람은 아무래도 실수를 많이 하게 된다. 어른도 그렇지만 아이들도 마찬가지다. 쉽게 분노를 표출하고 후회하고, 아니라는 걸 알면서도 끝까지 우기고 보고, 모든 잘못을 남의 탓으로 돌려버린다. 속마음을 숨기고 자신의 마음을 억제하는 것과 감정을 잘 다루는 것은 아무런 상관이 없다.

　도화지 같고 스펀지 같은 우리 아이들의 속마음. 쓸데없는 것에 휘둘리지 않고, 바람처럼 자유롭고 자발적인 것을 일러 평생 자산이 될 단단한 속마음이라고 하는 것이다.

　모든 부모에게 있어 내 아이는 소중하고 특별하다. 그런 만큼 스스로 알아서 생활하는 자립적인 아이로 키우고 싶다. 늘 여유로운 마음으로 아이에게 "넌 할 수 있어." "실수해도 괜찮아!" 하며 도전하게 하고 기다려주는 것이 중요하다. 부모의 조바심과 불안함을 떨치고 아이에게 저 넓은 세상을 마음껏 탐험할 기회를 주는 것이다.

01 감정을 조절 못해요···

유치원에서 5세 반을 맡고 있는 교사입니다. 5세 아이들은 저를 너무 힘들게 합니다. 수업시간에도 소리를 지르는 건 기본이요 친구들의 장난감을 서로 빼앗느라 난리입니다.

주동자격인 아이는 얼마나 소리를 질르는지 집에 갈 때 목이 쉴 정도입니다. 우리 반은 고함을 지르는 게 유행이 되고 말았습니다.

많은 사람들이 있는 곳에서 화를 내거나 고함을 지르고 물건을 집어 던지는 아이는 감정 조절이 잘 안 되어 그런 것이다. 내 아이가 그런 모습을 보이면 가슴이 철렁하면서 나중에 어른이 되어서 반사회적인 행동이나 범죄를 저지르는 인간이 되지 않을까 걱정하는 부모들도 있다.

화를 잘 내는 아이들은 사소한 일에도 지나치게 민감하다. 화를 잘 내는 아이들을 보면 기질적인 탓도 있지만 환경 탓도 크다. 아이가 화를 잘 내거나 고함을 잘 지른다면 부모의 영향이 있는 건 아닌지 돌아볼 필요가 있다. 감정을 표현하는 데 무심한 부모인 경우에 아이가 화를 내는 습관을 부추기고, 부모가 아이의 말에 반응을 보이지 않으면 아이는 강도를 높여 부모의 관심을 끌려고 한다. 화를 내서 부모의 관심을 끄는 데 성공했다면 그 후부터 습관적으로 화를 내게 되는데 강도가 점점 높아져 나중에는 사소한 일에도 불같은 화를 낸다.

화를 내는 아이들은 화를 표출함으로써 불편한 감정을 빨리 처리하거나 다른 사람의 관심을 끌려고 한다. 때로는 물건을 던지는 등 극단적인 행동으로 이어지기도 한다. 작은 눈덩이를 굴리면 순식간에 큰 눈덩이가 되듯이 아주 사소한 감정에 불과하던 것이 점화되는 순간 폭발하기도 한다. 아이는 자기 감정을 스스로 다스리지 못하기 때문에 어떤 방식으로든 감정을 밖으로 내보내게 된다. 문제는 이처럼 감정을 표출하는 행동이 반복될 때 자신도 모르게 습관이 된다는 것이다.

형준이라는 아이가 있다. 형준이는 자신이 원하는 대로 되지 않을 때는 아무 물건이나 집어던지고 고함을 지르는 등 툭하면 자신의 감정을 폭발시켰다. 형준이가 던진 장난감에 맞아 찰과상을 입은 아이도 있었다. 갈수록 도가 심해져서 참다못한 선생님이 부모님께 말씀드렸다. 놀라운 건 형준이가 집에서는 그런 모습을 보여준 적이 없다는 사실이다. 선생님의 말에 형준이의 부모님은 믿지 못하겠다는 표정을 지었다.

나는 궁리끝에 아이들이 자유시간을 좋아한다는 것에 착안하여, 교실 한 구석에 생각하는 의자를 만들기로 했다. 그리고 형준이가 장난감이나 물건을 친구에게 던졌을 때 즉시 '타임아웃'을 지시하고 생각하는 의자에 5분간 앉아 있도록 했다. 흥분상태에서 5분 간 의자에 앉아 있게 하자 형준이의 기분이 어느 정도 가라앉았다.

하루 평균 34~35회였던 형준이의 물건을 던지는 행동이 점차 줄어서 3일 후에는 평균 24회로 줄어들었다. 다시 일주일이 지나자 하루에 1~2회 정도로 줄어드는 확연히 달라진 모습이었다. 10일째 되자 형준이는 화가 나더라도 더 이상 친구들에게 물건을 던지지 않았다.

어떤 아이들은 고함을 지르거나 물건을 집어던짐으로써 자신의 화를 표출한다. 이는 주위 사람들에게 '나 지금 화가 많이 났으니 관심 좀 가져줘요' 하고 신호를 보내는 것이다.

왜 화가 났는지, 그 화를 꼭 그런 식으로 표출해야 하는지, 사소한 일에 분노를 폭발시키는 모습을 보고 친구들이 슬금슬금 피하는데 그래도 상관이 없는지… 생각하는 의자에 앉아 원장인 나와 선생님과 대화를 나누고, 혼자 생각하고 반성하는 시간을 갖게 했더니 형준이는 빠른 속도로 변화하기 시작했다.

화를 다스리지 못하는 아이들이 가지고 있는 문제의 원인은 대개 가족 등의 환경에서 기인한다. 작은 일에도 화를 내고 고함을 지르고 물건을 집어던지는 행동은 자기조절 능력이 부족하기 때문이다. 자기를 조절하는 실행 기능은 태어나면서부터 시작해 일생 동안 발달해 나가는데 어떤 아이들은 자기조절 실행 기능이 아예 없거나 있어도 망가진 것처럼 보인다. 문제는 이 사회가 그런 것처럼 분노를 통제하지 못하고 자기 감정을 다스릴 줄 모르는 사람들의 숫자가 늘어난다는 것이다. 아이들도 예외는 아니다.

충분한 사랑을 받지 못했다는 불만이든, 갈등과 다툼이 많은 가정환경으로 인한 것이든, 부모의 그런 모습을 물려받은 것이든, 감정을 조절하지 못하고 폭발시키는 아이는 그대로 방치되서는 안 된다. 적절한 지도와 교육으로 고쳐나가야 하는데 그것이 그리 쉽지 않다는 점에 선생님들의 고민이 있다. 그러나 애정어린 시선과 인내심을 가지고 꾸준히 대화해 나가면 아이는 반드시 변화하는 모습으로 관심과 사랑에 화답을 해온다.

나는 자주 교사들에게 "'말 안 듣는 아이'일 뿐이지 '못된 아이'는 없다"라고 말한다. 어른들도 그런 것처럼 아이들은 완벽하지 못한 존재다.

자신의 그런 행위가 친구들에게 큰 고통이 된다는 사실을 알지 못하는 아이에게는 충분한 설명을 통하여 깨닫게 한다.

아이가 어릴 때는 칭찬 스티커를 활용하는 것도 좋다. 2~3일 안에 다 채울 수 있는 보상표를 설정한 뒤 아이가 약속을 지켰을 때 직접 칭찬 스티커를 붙이게 한다. 자신이 직접 칭찬 스티커를 붙이는 행위는 동기유발 효과가 의외로 크다. 목표를 다 채웠을 때는 아이가 좋아하는 것으로 상을 주는 것이 좋다.

아이 스스로도 이해하고 납득하지 못했던 과잉 행위들은 누군가에게서 이해를 받고 사랑받고 있다고 느끼는 순간 과거 속으로 사라진다.

내 아이의 폭력성 체크리스트

- 화가 나서 물건을 집어던진 적이 있다
- 친구나 동생을 때린 적이 있다
- 어른에게 야단 맞은 후 폭력적으로 행동한다
- 부모에게 대드는 일이 잦다
- 사소한 일에도 버럭 화를 낸다
- 저주의 말이나 욕을 한다
- 머리를 벽에 박는 등 자해 행동을 보인다
- 물건을 발로 걷어찬다
- 물건을 부수거나 고의로 망가뜨린다

1~2개: 가벼운 폭력성. 심해지지 않도록 주의가 필요하다.

3~5개: 중간 정도의 폭력성. 부모의 적극적인 개입이 필요하다.

6개 이상: 심한 폭력성. 전문가의 도움을 받는다.

02 스스로는 아무것도 못해요···

 민수라는 아이가 유치원에 새로 왔다. 친구들 앞에서 또박또박 자신을 소개를 하는데 제법 의젓했다. 하지만 그 모습은 자기소개 시간의 5분이 전부였다. 아이는 신발을 혼자 신을 수도, 혼자 계단을 오르내릴 수도, 포크로 음식을 찍어 먹는 기본적인 일도, 그 외의 어떤 일도 스스로 할 수 없었다.

"선생님, 신발은 어떻게 신어요? 못하겠어요."

"선생님, 가방은 어떻게 매요? 못하겠어요."

아주 기초적인 일도 하지 못하는 민수는 언제나 눈물바람이었다.

그런 민수를 지켜보다가 안되겠다 싶어 학부모에게 상담을 청했다.

민수 어머니가 조심스레 말했다.

"집에서는 활달해요. 말도 잘하고 장난도 잘 치거든요. 아직 유치원 생활에 적응이 안 되어서 그런 거 아닐까요?"

식사나 양치질, 양말 신기와 같은 기본적인 것들을 민수가 집에서 스스로 하고 있는지를 물어 보았다. 할머니가 따라다니며 다 해주신다는 대답이었다.

민수가 스스로 아무것도 하지 못하는 아이가 된 데는 이유가 있었다. 아이가 도움을 요청한 것도 아닌데 할머니가 아이를 따라다니며 모든 일을 대신해 주고 있었던 것이다.

엄마 없이는 아무것도 못하는 자립심 없는 아이들이 꽤 많다. 타고난 기질 탓도 있겠지만 첫째는 엄마의 잘못이다. 엄마의 조바심, 자식이 미덥지 못한 마음 이것이 문제이다. '아이가 알아서 했으면 좋겠다'라는 생각보다 '아이가 잘했으면 좋겠다'는 욕심이 더 크기 때문이다.

아이들이 부모에게 어느 정도 의존하는 것은 당연한 현상이다. 그러나 점차 자라면서 스스로 혼자 할 수 있는 일이 많아지고 그런 자신을 대견해하는 날이 온다. 아이는 자신만의 경험을 쌓으며 독립적인 사람으로 성장해 나간다.

아이들이 부모에게 의존하게 되는 가장 큰 이유를 살펴보면 부모의 양육 태도를 꼽을 수 있다. 요즘에는 자녀를 한두 명밖에 낳지 않아서 노심초사하며 과잉보호하는 부모가 많다. 부모들은 자식이 예뻐서 어쩔 줄 모른다. 그래서 사랑한다는 이유로 아이의 말과 행동 하나하나를 일일이 간섭하고 참견한다. 단추를 잘못 잠가도, 양말을 짝짝이로 신어도 아이가 스스로 했다는 것이 중요한데 부모들은 그렇게 생각하지 않는다. 그래서 아이가 스스로 할 수 있도록 지켜보기보다 답답한 마음에 잔소리를 하거나 아이의 일상에 관여하게 된다. 부모는 이런 일들이 아이를 위한 일이라고 생각하지만 어느 새 아이는 부모가 대신 해주는 것에 익숙해져 부모 없이는 아무 것도 할 수 없게 되는 것이다.

아이에게 지나치게 높은 기대치를 갖고 있는 부모들도 있는데 이 경우 또한 역효과가 커서 스스로 아무것도 할 수 없는 아이로 만든다. 부모의 너무 높은 기대가 아이를 망치기도 하는 것이다.

부모를 실망시키지 않기 위해 아이는 스스로 아무것도 하지 않고 작은 일도 의존한다. 또한 하고 싶거나 쉬운 것만 하려고 하고, 조금만 어려워지거나 힘든 과제가 주어질 경우 부모에게 대신 해달라고 떠넘겨버린다.

지나친 칭찬도 독이 된다. 부모로부터 지나친 칭찬을 받으며 자란 아이는 자기를 대단하고 특별한 사람으로 여기게 된다. 문제는 이런 아이들이 실패를 경험하게 되면 그 사실을 받아들이기가 어렵고 다시 용기를 내기가 쉽지 않다는 것이다.

부모가 자신을 특별한 존재, 대단한 존재로 떠받들면 아이는 어린이집이나 유치원, 학교와 같이 단체생활을 해야 하는 곳이 부담스럽게 느껴진다. 마침내 여러 사람들과 한데 섞여 평범한 일원이 되는 것을 거부할 수도 있다. 자신의 뜻대로 할 수 없기에 다른 아이들과 어울리기를 싫어하고 부모에게서 떨어지지 않으려 하게 된다.

독립적인 사고방식으로 아이가 스스로 하게 할 수는 없을까? 의존적인 아이를 당당하고 적극적으로 아이로 바꾸는 네 가지 방안을 소개한다.

첫째, 아이의 말을 충분히 들어준다

부모들 중에는 아이를 가르치려는 마음이 앞선 나머지 아이가 생각을 정리하기도 전에 미리 정답을 가르쳐주는 사람이 있다. 답을 알려주기보다 아이 스스로 생각해서 답을 찾을 수 있도록 기다려주는 태도를 견지해야 한다. 그렇게 할 때 아이는 마음껏 생각의 나래를 펼칠 수 있을 뿐 아니라 자신에 대해서 자신감을 가질 수 있다.

둘째, 아이가 실수하더라도 여유를 가진다.

아이는 어른과 달리 미성숙하다. 그래서 부모가 보기에는 너무나 쉬운 일도 거듭 실수를 하게 된다. 아이가 한 행동의 결과가 좋지 않더라도 아이를 야단치거나 나무라선 안 된다. 행동의 결과보다는 과정을 더 중요시하는 태도를 보이는 것이 좋다.

셋째, 아이에게 지나치게 큰 기대를 갖지 않는다

아이의 능력을 과대평가하다 보면 아이에게 지나친 기대를 걸게 된다. 그 결과 아이는 부모를 실망시키고 싶지 않다는 심리적 부담을 느끼게 되어 실패를 두려워하게 된다.

넷째, 아이의 능력을 과소평가하지 않는다

아이의 능력을 과소평가하게 되면 부모는 아이의 모든 행동이 마음에 차지 않는다. 못 미더워서 하나하나 챙겨주다 보면 그 결과 아이는 아무 것도 하지 못하는 사람이 된다.

일본의 교육문화전문기업 베네세에서 운영하는 '베네세 차세대육성연구소'가 만 6세 미취학 자녀를 둔 서울, 도쿄, 베이징, 상하이, 타이베이에 거주하는 부모들을 대상으로 자녀의 육아관에 대해 조사했다.

흥미로운 점은 '육아는 행복한 일이다'라고 생각하면서도 '아이를 위해 희생하고 있다'라는 항목에 80% 이상의 한국 엄마가 '그렇다'고 답한 것이다. 이는 도쿄 36.7%, 베이징 43.2%, 타이베이 54.2%에 비해 굉장히 높은 수치이다. 한국 엄마들이 자녀를 키우며 긍정적·부정적 감정이 극단적으로 오가고 있음을 알 수 있는 대목이다.

행복한 엄마가 행복한 아이를 만든다. 전문가들은 아이에게 올인하기보다 자신의 인생을 어느 정도 돌보고 챙기기를 권유한다. 그리고 엄마로서 40% 정도 감정 보충을 해주고, 나머지는 아이 스스로 선택하도록 해야 한다고 조언한다. 엄마의 도움을 꼭 필요로 하는 부분만 도와주어 자생력 있는 아이로 키우라는 것이다. 아이가 안쓰러워서 하나에서 열까지 엄마가 대신해 주면 그것은 도와주는 것이 아니라 아이에게서 중요한 것을 빼앗는 행위가 된다.

모든 부모에게 내 아이는 소중하고 특별하다. 소중하고 특별하기 때문에 더욱 알아서 자신의 일을 스스로 하는 자립적인 아이로 키워야 하는 것이다.

03 제멋대로 행동해요···

마트에 가서도, 식당에 가서도 우리 아이는 도저히 통제불능이에요. 아무리 속삭여도 아무리 소리쳐도 제멋대로 행동해요. 뛰지 말라고 하면 더 뛰어다니고 조용히 하라고 하면 더 소리 질러요. 자꾸 이러면 다시는 마트에 오지 않을 거라고 이야기도 하고, 다음부터는 절대로 데리고 나오지 않을 거라고 해도 듣지 않아요. 처음에는 우리 아이가 다른 아이들보다 조금 더 활발한 거라고만 생각했는데··· 날이 갈수록 더 심해지는 것 같아요. 도대체 어떻게 해야 하죠?

어른들이 있건 없건 그곳이 공공장소이건 아니건 아랑곳하지 않고 제멋대로 행동하는 아이들이 늘어나고 있다. 아이를 키우는 부모라면 누구나 이런 경험이 있을 것이다. 대중교통을 이용할 때, 남의 집에 방문했을 때, 박물관에 갔을 때 아이가 제멋대로 행동하는 바람에 난처하고 당황했던 경험. 공공장소에서 아이가 질서를 지키지 않고 막무가내로 떼를 쓸 때 부모들은 어찌할 바를 모른다.

어쩌다가 우리아이들이 배려라고는 눈곱만큼도 없는 천방지축이 되어버렸을까? 첫째는 잘못된 훈육방식 때문이다.

지켜보는 눈도 많고 제멋대로 하는 아이가 창피해 부모들은 지금 당장의 상황만을 무마하려고 애쓴다. 그렇다보니 아이의 요구사항을 모두 받아주게 된다. 그러나 상황은 더욱 나빠진다. 곤란한 부모의 입장을 이용하여 아이는 더 많은 것을 요구한다. 악순환이다. 아이는 부모의 머리 꼭대기에 앉아 자신이 원하는 것을 얻는다.

공공장소에서 제멋대로 행동하는 아이에게는 공공장소에서 지켜야 할 예절과 질서를 가르친다. 아이가 스스로 알아서 잘 행동하길 바라는 부모의 기대는 애초부터 무리다. 따라서 아이의 행동을 미리 예측하고 가기 전에 약속을 정하는 것이 좋다. 규칙을 지키지 않으면 집에 돌아와 어떤 벌을 받게 될 것인지 알려준다. 이는 부모의 단호함을 보이는 동시에 아이의 권리를 박탈하는 행동수정 요법이다.

한편 공공장소에서 아이에게 무조건 얌전하게 있어야 한다고 요구하는 것도 무리다. 외출 전에 간단한 책, 퍼즐, 카드를 준비해 지루해 하면 아이가 가지고 놀게 한다. 약간의 간식을 미리 준비하는 것도 도움이 된다.

앞에서 언급했듯이 대부분의 부모들은 아이가 공공장소에서 제멋대로 행동하면 어쩔 줄 몰라서 당황하다가 결국 남의 이목 때문에 아이의 요구를 들어주게 된다. 아이는 이런 부모의 심리를 귀신같이 알아차리고 새로운 요구사항을 추가한다. 따라서 아이에게 단호하게 대처할 자신이 없다면, 아예 문제가 될 만한 장소로의 외출을 삼간다.

물론 어쩔 수 없는 경우도 있다. 그럴 땐 아이가 문제행동을 보일 때 주변 사람의 도움을 구해 단호하게 대처해야한다. 대부분 부모 외의 어른이 엄격하게 주의를 주게 되면 아이도 잠시 눈치를 보게 된다.

부모를 거의 미치게 하는 아이의 행동을 고치려면 어떻게 해야 할까?

첫째, 일관성 있는 모습을 보여준다

문제 행동 뒤에는 대부분 문제 부모가 있다. 부모는 아이에게 일관성 있는 모습을 보여주는 것이 중요하다. 또 아이와 함께 규칙을 정한 후 일관된 태도를 견지해야 한다. 기분에 따라 혼을 내기도 하고 안 내기도 하면 아이는 그런 부모의 태도를 종잡을 수 없다. 확고한 태도를 보여줌으로써 공공장소에서는 반드시 지켜야 할 규칙이 있다는 것을 인식시킨다.

둘째, 아이가 규칙을 지키고 싶은 마음이 생기도록 유도한다

규칙을 가르치고 지키게 할 때는 일방적으로 명령하지 않는다. 일방적인 강요는 오히려 아이들의 반발심만 부추기게 된다. 그 대신 "우리 이렇게 해보는 게 어떨까?"하고 다정하게 권유하면 아이들은 솔깃해 한다. "이렇게 하는 편이 더 낫지 않을까?"와 같이 아이가 참여할 마음이 생기도록 유도하는 것이 좋다.

셋째, 부모가 먼저 실천하는 모습을 보여준다

아이에게는 규칙을 지키라고 강요하면서 정작 자신을 제멋대로인 부모들도 있다. 부모에 대한 신뢰감을 잃게 되면 아이는 모든 것을 잃는 것이다. 아이의 반항과 방황에 대해 신뢰감 제로인 부모가 해줄 역할은 없다. 그러니 아이에게 좋은 본이 되기 위해 노력한다.

넷째, 아이가 따라올 때까지 여유를 가지고 기다려준다

문제행동을 고치는 것은 쉽지 않다. 아이에게 무엇이 잘못되었는지, 왜 되풀이되면 안되는지 정확하게 일러준다. 그리고 인내심을 가지고 기다린다.

아이를 변화시키는 가장 강력하고 유일한 훈육 기법은 다름아닌 관심이다. 아이들은 늘 부모의 관심을 필요로 한다. 그 기대가 충족되지 않을 때 삐뚤어져 부모의 관심을 끌기 위해 문제행동을 일삼는 아이도 있다.

아이의 조그만 변화에도 함께 기뻐하고 칭찬을 아끼지 않아야 하지만 반대로 아이가 부모의 관심을 끌기 위해 계속 어떤 행동을 할 때는 잠시 관심을 끄는 것도 좋은 방법이다. 아이는 그런 방식으로는 부모의 관심을 끌지 못한다는 점을 분명히 인식하게 된다.

아이가 공공장소에서 제멋대로 행동한다는 것은 그만큼 부모의 애정과 관심을 필요로 한다는 뜻이다. 무조건 아이를 윽박지르거나 혼내기보다 따뜻한 관심을 가져야 한다. 부모의 관심은 아이로부터 바람직한 행동을 이끌어내는 동인이다.

04 너무 예민해요...

선생님들은 어떤 아이들을 가장 힘들어할까? 대부분 말썽꾸러기라고 생각할 테지만 가장 대하기 힘든 아이는 바로 감수성이 예민한 아이다. 감수성이 높고 예민한 아이는 사소한 일에도 놀라고 상처받는가 하면 자존심이 너무 높아 큰일이 있을 때 또 의외의 모습을 보여주기도 한다.

새로운 일 앞에서 호기심보다 겁을 먼저 내는 아이들이 있다.

두려움이 많으면 새로운 일을 시도할 용기가 없고 당연히 성취도 없다. 남들은 앞을 향해 달려가는데 자신은 정체되어 있다는 생각에 또 상처받고 극심한 무기력에 빠져든다.

이런 성향은 부모와의 관계에서 기인하는 바가 크다. 평소에 부모가 아이가 잘하는 것에만 관심을 보이거나 못하는 것에 대해 엄하게 꾸짖는다면 아이는 무엇이든 잘해야 한다는 강박관념을 가지게 된다. 그래서 아이는 자신이 잘할 수 없을 것 같은 일에 대해서는 시도도 해 보지 않고 "나는 못해"라고 단정 짓는 것이다.

감수성이 너무 뛰어나서 오히려 무기력한 아이들은 어떻게 지도하는 것이 좋을까?

첫째, 묵묵히 기다려 준다. 예민한 아이들은 의심이 많다. 오랜 시간 묵묵히 기다려주고 믿어주는 사람에게만 마음을 열게 된다.

둘째, 직접적인 방식보다 우회적으로 말을 건다. 얼굴을 똑바로 보고 말을 거는 것보다는 등 뒤에서 말을 건다든지, 눈을 감기며 "누굴까? 알아맞혀봐!" 하며 장난스레 접근하는 것도 좋은 방법이다.

셋째, 아이가 또래들에 비해 특이한 아이라든가 별난 아이라는 인상을 친구들에게 주지 않도록 배려한다. 아이에게 가진 특별한 관심이 드러나지 않도록 조심한다.

넷째, 아이에게 자신의 생각으로 표현할 수 있는 기회를 자연스럽게 만들어준다. 작은 심부름, 편지쓰기 같은 것은 아이가 크게 부담을 느끼지 않고 응한다.

다섯째, 부모가 솔선해서 친구들의 부모와 가까워지도록 노력한다. 부모끼리 가까워지면 아이들도 자연스럽게 친해진다. 부모의 동의 아래 몇 명의 친구가 모여 한 친구 집에서 자는 '파자마 놀이' 같은 것을 하면 아이들은 정말 즐거워한다.

중요한 것은 자신감을 심어주는 말을 자주 들려주는 것이다.

"항상 너를 믿어." "네가 해낼 줄 알았어." "네가 그렇게 해내다니 정말 대단해." "열심히 하는 걸 보니 네가 무척 자랑스러워!" "너를 보면 엄마(아빠)기분이 좋아지네." "몇 번 해 보면 쉬워질 거야!" "네가 먼저

해 보고 도움이 필요하면 이야기해." "누구나 실수할 수 있어."

언뜻 형식적인 말 같지만 자신감을 불어넣어주는 말들은 기분좋은 신호탄이 되어 작동한다. 예민한 아이들도 예외는 아니다.

Tip 무기력한 아이를 위한 솔루션

① 다그치지 말고 시간을 준다.
② 꾸준히 지지해 준다.
③ 관심을 기울인다.
④ 좋은 점이나 잘하는 점을 발견한다.
⑤ 장점을 개발해 친구들과 어울리게 한다.
⑥ 구체적으로 칭찬하여 인정해 준다.

05 걱정이 너무 많아요···

살아갈수록 '인생은 고해'라는 말을 실감하게 된다. 걱정은 끊임이 없고 간신히 한 가지를 해결하고 돌아서면 두 가지가 나타난다. 그런데 아직 인생을 제대로 살아보지 않은 아이가 세상 근심을 모두 진 얼굴로 한숨을 쉴 때는 귀엽기도 하고 안쓰럽기도 하다.

다음은 자주 한숨을 쉬어서 걱정이라는 만 7세 여자아이를 둔 어머니의 말이다.

올해 6세 되는 여아인데요. 가슴이 답답하다며 한숨을 자주 쉬어요. 너무 집에만 있어서 그런가 싶어 데리고 나가봐도 밖에서도 그러네요. 찬물 좀 달라고 하기도 하구요. 뭔가 스트레스가 있어서 그런 걸까요? 밤에 잘 때도 답답하다며 문을 열어 달라고 하지 않나. 깊은 잠을 못자는 것 같아요. 도대체 우리 아이가 왜 그런지 몰라 답답하기만 해요.

219

아이가 자주 한숨을 쉬거나 걱정을 한다면 이는 과잉불안장애일 가능성이 높다. 과잉불안장애란 지나치게 걱정하고 공포행동을 보이는 소아 또는 청소년 불안장애를 말한다. 즉, 불안한 느낌이 일상생활 전반에 걸쳐 광범위하게 나타나는 상태이다. 과잉불안장애를 가진 아이는 어떤 특정 상황에 국한되지 않고 지속적이며 광범위한 불안에 시달리게 된다.

걱정이 꼬리에 꼬리를 물고 나타나는 것이다. 정체도 분명하지 않은 걱정들이다. 현실에서 일어날 가능성이 지극히 희박한 일들까지 걱정하다 보면 그 걱정에 또 집착하는 이상한 증상까지 나타난다.

아이는 많은 시간을 자신이 걱정하는 일들의 가능성을 확인하고 자신을 안심시키는 데 소모하게 된다.

문제는 이런 과잉불안장애가 계속되면 집중력이 떨어지고 주의가 산만해진다는 것이다. 그리고 우울증에 걸리기도 한다.

초등학교 3학년 남자아이가 자주 머리와 배가 아프다고 호소해서 아이의 어머니는 소아과에 들렀다. 그런데 소아과 의사는 '신경성'이라는 말과 함께 별다른 이상이 없다는 것이었다. 아이의 증세가 더 심해지면 소아정신과를 가보는 것이 좋겠다고 조언했다. 한 달 가까이 되어도 차도가 없자 어머니는 아이를 소아정신과에 데리고 가 상담을 받았다. 소아정신과 전문의로부터 과잉불안장애 진단을 받는데 몇달간 꾸준히 놀이치료 등을 통하여 많이 좋아졌다.

불안에 시달리는 아이들 가운데 충분한 수면을 취하지 못하는 경우가 많다. 충분한 수면은 성장기의 아이들에게 특히 필요하다. 잠을 충분이 자지 못하면 아이들은 특유의 생기발랄함과 활발함을 잃어버리고 쉽게 피로해하고 짜증을 잘 내게 된다. 충분한 수면을 취할 때 뇌는 하루 동안의 정보를 정리할 뿐 아니라 육체는 내일도 활기차게 보낼 수 있는 에너지를 공급받게 된다. 따라서 아이가 수면을 충분히 취하는지 살펴보고 만일 아이가 수면을 충분히 취하지 못한다면 방법을 강구해야 한다. 아이들이 건강에 이로운 음식을 섭취하도록 하는 것과 마찬가지로, 아이들이 숙면을 취할 수 있도록 도와주는 것 역시 부모의 의무이다.

잠들기에 좋은 환경을 만들어 주는 것도 중요하다. 조명을 은은하게 켜 주고 소음을 없애고 깨끗하고 쾌적한 잠자리를 꾸민다.

세계적인 동화작가 앤서니 브라운의 그림책을 보면 특히 불안한 아이들의 심리가 잘 나타나 있다. 어둠을 무서워하고 낯선 곳에 다가가기 꺼려하는《터널》속의 로즈나, 우울한 집안 분위기에 눌리고 왠지 안 좋은 일에 압도당할 것 같은《숲속으로》의 주인공, 그리고《겁쟁이 빌리》를 보면 사서 걱정하는 빌리를 만날 수 있다. 빌리는 구름을 걱정하고 비가 너무 많이 와서 홍수가 날까 걱정하고 커다란 새에 잡혀가지 않을까 등등 온갖 걱정으로 잠을 푹 자지 못한다. 엄마아빠가 그런 일은 없을 거라고 아무리 안심시켜도 소용이 없었다.

어느 날 할머니 집에 가게 되었는데 거기서도 잠을 못 이루는 빌리는 자신의 고충을 할머니께 털어놓았다. 할머니는 당신도 어렸을 때 그랬다며 빌리에게 인형들을 여러 개 건네주었다. 그리고 잠자기 전 인형 하나하나에게 걱정 하나씩을 얘기하고 그 걱정인형들을 베개 밑에 두고 자도록 했다. 밤새 그 걱정인형들이 빌리의 걱정을 다 가져갈 거라는 말도 덧붙였다. 빌리는 정말 곤한 잠을 자게 되었다.

걱정인형의 도움으로 며칠 간 아무 걱정 없이 지냈는데 어느 날 새로운 걱정이 생겼다. 그 걱정은 바로 걱정인형들에 대한 걱정이었다. 자신의 걱정들을 인형들에게 너무 맡겨버린 것 같았고, 그건 공평하지 않다는 생각이 든 것이다.

《겁쟁이 빌리》에 나오는 빌리처럼 아이가 지나치게 걱정한다면 부모는 아이의 상태를 파악해 볼 필요가 있다. 그대로 방치할 경우 아이는 사소한 일에도 지나치게 불안해하며 시간과 에너지를 소모하는 탓에 집중력이 떨어지고 주의가 산만해진다. 심해지면 학습과 교우관계 등 학교생활 전반이 힘들어진다.

미나는 초등학교 3학년 여자아이다. 공부가 상위권이지만 결코 잘난 척하거나 이기적이지 않고 지금까지 친구들과 싸워본 적도 없다. 사소한 일로 아이들과 마찰이 생기면 의례히 양보를 하기 때문이다. 미나는 숙제를 빼먹은 적이 없는 모범생이어서 담임선생님은 미나를 믿고 심부름을 도맡아 시킨다. 하지만 미나의 얼굴은 밝지 않다. 자신감이 없어서 수업 중에 알고 있는 질문이 나와도 먼저 손들지 않고 선생님이 시키면 작은 목소리로 겨우 대답한다. 2학기가 시작된 후로 표정이 더 어두워지고, 수업 중에도 손톱을 계속 물어뜯고 가끔 머리가 아프다고 양호실을 찾아서 담임선생님은 미나의 엄마에게 소아정신과 상담을 권유했다.

담임선생님 전화를 받고 미나의 엄마는 깜짝 놀랐다. 그동안 엄마가 직장생활에 바빠 미나에게 신경을 많이 못 썼지만 어려서부터 동생도 잘 챙기고 자기 할 일을 알아서 잘하는 듬직한 딸이라고 생각했다. 그런데 미나가 자신에게 털어놓은 말들을 그동안 너무 흘려 들었다는 생각이 떠올랐다.

미나는 1학년 때부터 항상 숙제나 준비물은 미리 챙겨 놓아야 잠이 드는 아이였다. 그리고 매사에 준비성이 철저해서 엄마는 미나보다 동생을 더 챙겨주는 편이었다. 망설인 끝에 어머니는 미나를 데리고 소아정신과를 방문했다. 상담과 심리검사 결과 '과잉불안장애'로 진단을 받았다. 현재 미나는 놀이치료를 받고 어머니는 부모양육상담을 받고 있다.

과잉불안장애를 겪는 아이들은 언뜻 성숙해 보이고, 완벽주의자 같아 보인다. 그러나 마음속엔 사실 오만가지 걱정이 들끓고 있다. 앞으로 일어날 일에 대해 미리 걱정하거나 과거 지나간 일에 대한 지나친 염려, 공부나 운동 등 여러 영역에서 잘하고 싶다는 욕심을 부리면 과잉불안장애를 의심해봐야 한다. 때로 신체적인 이상이 없는데도 머리나 배가 아프다고 호소하는 경우도 있다.

아이들에게 이런 문제가 생기는 원인은 다양하다. 원래 정서적으로 예민한 성격과 집안대대로 물려받은 기질로 인해 생기는 경우도 있지만 환경이나 엄마의 양육태도가 문제가 되는 경우도 많다. 부모의 사랑을 계속받기 위해서는 모든 면에서 항상 잘해야 된다는 완벽주의자 경향을 띠게 되고, 결과가 자신이 기대했던 것만큼 이루어지지 않으면 염려하고 불안해한다. 근거 없는 불안으로 힘들어 하는 아이들을 보면 주로 장남과 장녀가 많다.

아이의 걱정과 불안이 심할 경우에는 소아정신과를 방문해 상담을 받고 진단결과에 따라 치료가 필요하다. 그러나 이에 앞서 전제되어야 할 것은 아이에 대한 부모의 훈육태도의 점검이다. 가장 좋은 건 부모의 변함없는 신뢰다. 그리고 아이의 마음의 부담을 덜어주는 것이다.

근거 없는 불안, 지나친 걱정으로 힘들어하는 아이를 괜찮아지겠지 하여 별다른 조치 없이 그냥 놔두었을 경우, 아이는 혼자서 무섭고 어두운 세계에 갇히게 된다. 그러므로 정확한 진단과 적절한 치료가 꼭 병행되어야 한다.

06 실패할 것 같아 불안해요···

사람은 누구나 크고 작은 실패의 경험을 가지고 있다. 꿈을 이룬 사람이나 그렇지 못한 사람이나 차이는 있지만 저마다 실패의 상처를 안고 살아간다. 다만 다른 점이 있다면, 꿈을 이룬 사람은 실패에서 교훈을 찾아 더 잘할 수 있는 법을 배우고 끊임없는 노력과 강한 도전정신과 의지로 끝내 꿈을 실현해낸다는 것이다.

성공한 사람들에게 한 가지 특징을 찾을 수 있는데, 어려서부터 자존감이 높았다는 것이다. 그들은 자신이 사랑받을 만한 가치가 있는 소중한 존재이고, 어떤 성과를 이루어낼 만한 존재라고 자신을 믿었다.

반면에, 꿈을 실현하지 못한 사람들은 자존감이 약한 사람들이 대부분이다. 그들은 난관에 부딪혔을 때 쉽게 주저앉거나 포기했다. 꿈을 실현할 수 있다는 자기 확신이 부족했기 때문이다.

대부분의 부모들은 아이에게 재산이든 뭐든 더 많은 것을 물려주지 못해 안달이다. 내 아이가 실패의 경험 없이 승승장구, 성공하는 인생을 살기 바란다.

현명한 부모들은 어려서부터 아이에게 작은 성공 경험을 쌓게 해준다. 그리하여 아이가 작은 성공 경험을 통해 교훈을 얻으며 성공의 바탕을 스스로 만들어갈 수 있도록 도와주는 것이다.

실패를 두려워하여 아무것도 선택하지 못하는 것처럼 인생을 낭비하는 일도 없을 것이다. 실수와 실패에 주목하기보다는 열심히 노력하는 과정에 관심을 가지면 집착에서 벗어날 수 있다. 다른 아이의 성공과 내 아이의 실패를 비교하는 것은 어리석다.

자신감이 없는 아이들 가운데 실패에 대한 불안감을 가지고 있는 아이들이 많다. 나는 이런 말을 해주고 싶다.

"아이가 잘 해낼 수 있도록 묵묵히 기다려주고, 아이의 행동에 공감해주고, 아이 스스로 해낼 수 있다고 격려해 줍니다. 엄마가 더 좋은 해결책을 가지고 있더라도 아이가 스스로 답을 찾아나갈 수 있도록 인내를 가지고 기다려주어야 합니다. 부모가 믿고 기다려줄 때 아이는 자신의 잠재력을 발휘하게 됩니다."

실패할 것 같은 불안감에서 벗어나려면 아이의 자존감을 높여줄 필요가 있다. 아이의 자존감을 높이기 위해서는 작으나마 이런저런 성공 경험들이 필요한데 아이는 이를 통해 자신도 해낼 수 있다는 자신감을 가지게 된다. 물론 그 과정에서 실패의 경험을 할 수 있다. 사람들은 누구나 실패를 겪는다는 사실을 아이에게 알려준다. 실패 속에 멋진 인생의 교훈이 감춰져 있다고 말해준다.

아이에게 작은 성공 경험을 쌓게 하기 위해선 자기가 할 일은 아이 스스로 하도록 해야 한다. 부모가 나서서 다 해주게 되면 아이는 소중한 기회를 잃는 것이다. 따라서 아이가 필요로 하는 것들을 대신 해주겠다는 과잉의욕에서 벗어나야 한다. 완벽한 부모 콤플렉스는 아이를 망치는 지름길이다.

다음은 내성적인 성격을 가진 아이를 둔 한 엄마의 고민이다.

딸아이는 초등학교 3학년입니다. 내성적인 성격 탓인지 처음 해보는 것은 두려움을 품고 아예 하지 않으려고 해요. 얼마 전에는 피아노를 배우고 싶다더니 막상 피아노 학원에 보내주겠다고 하니 다니기 싫다고 합니다. 피아노를 잘할 자신이 없다면서요. 피아노뿐 아니라 다른 일들도 마찬가지입니다. 해보기도 전에 '난 못해.' '자신 없어.' '하기 싫어.'라는 말을 입버릇처럼 내뱉습니다. 이런 성격으로 장차 어려운 세상을 어떻게 헤쳐나갈 수 있을지 걱정입니다.

아이들 중에는 실패에 대한 불안감으로 인해 부모의 도움을 청하는 아이들도 있다. 보기에 안타깝다고 해서 부모가 모든 것을 대신해줘선 안 된다. 혼자서 성공한 경험이 없는 한 번도 아이는 부모만 의존하게 된다. 이럴 때 부모의 전폭적인 지원사격은 아이에게 독이다.

특히 내성적이고 위축된 아이에게는 첫 성공 경험이 매우 중요하다. 처음에 부정적인 경험을 하면 계속 그 감정이 이어져 실패에 대한 불안감을 극복하기 힘들어진다. 연습과 훈련을 통해 한 번이라도 성공 경험을 하게 되면 아이는 자신감을 가지게 되어 다음부터는 성공할 가능성이 높아진다. 그러므로 부모의 도움도 최소한의 선에서 이루어져야 하는 것이다.

내성적인 아이들에게 있어 사회성을 키워주려는 부모의 강압적인 태도는 스트레스를 안겨준다. 부모들은 내성적인 아이들이 갖는 불안감을 그저 나약한 감정으로 간주하는 경향이 있다. 그런 나머지 아이의 행동이 답답하게 생각되어 '그것도 못하느냐'라는 식으로 혼내거나 비난하기도 한다. 이럴 경우 아이의 자존감은 더욱 낮아져 자신감을 잃게 된다. 결국 낯선 것에 더욱 적응하기 어려워지는 악순환이 이어지는 것이다. 부모는 내성적인 내 아이가 느끼는 불안이나 스트레스가 누구나 가지는 자연스러운 감정임을 받아들이고 아이에게도 그 사실을 주지시킨다. 그 다음이 극복할 수 있다는 의지다.

아이가 실패한 후 의기소침해 있다면, 부모가 자신의 실패담을 이야기해주는 것도 좋은 방법이다. 어떤 아이에게는 부모가 모든 일을 척척 해내는 전지전능한 존재처럼 여겨진다. 그런 부모도 실패경험이 있다는 사실과 포기하지 않고 용기를 내어 오늘에 이르렀다는 솔직한 부모의 경험담은 아이에게 구체적인 힘과 용기를 준다.

07 조금만 힘들어도 쉽게 포기해요 • • •

☕ "수영 배울래? 얼마 전에 수영 배우고 싶다고 했잖아?"

엄마의 말에 태호는 얼굴이 시무룩해진 채 고개를 흔든다.

"싫어. 나 수영 못해."

"못하니까 배우는 거지. 잘하면 뭣 하러 배우니? 그리고 처음부터 수영을
잘하는 사람이 어디 있니?"

애써 태연한 척했지만 태호 엄마는 속이 타들어만 간다. 새로운 걸 어렵게
시작했는데 조금만 힘들어지면 쉽게 포기하는 아이 때문이다. 2학년 때 배
우기 시작한 바이올린도 3개월 만에 그만두었고, 얼마 전 시작한 태권도는
두 달을 넘기지 못했다.

그나마 어렸을 땐 시작은 곧잘 하더니 갈수록 새로운 걸 시작하려 하지도
않고, 조금 힘들어도 쉽게 포기하고 만다. 이렇게 참을성이 없어서야 이
험한 세상을 어떻게 살아갈까 싶은 마음에 답답하기만 한다.

다섯 살 진수 엄마도 마음이 답답하긴 매한가지이다. 진수는 공부뿐 아니

라 놀이를 할 때도 너무 쉽게 포기하기 때문이다. 유치원에서 수업시간이나 블록을 맞추다가도 마음대로 안 되면 "나 안할래." 하며 그만둬 버린다. 이런 아이를 보며 엄마는 이다음에 진수가 초등학교에 입학했을 때 학교생활을 잘할 수 있을지 걱정이 앞선다.

세상은 끝없는 도전의 연속이다. 사실 그 무엇도 도전으로 이루어지지 않은 것은 없다. 아기가 네 발로 기어 다니다가 두 발로 서는 것도, 처음 글자를 배우는 것도, 자전거를 타는 것도, 어린이집이나 유치원에 다니는 것도 도전이다. 어른도 예외는 아니다. 군대를 가는 것도, 대학교를 졸업하고 회사에 입사하는 것도, 누군가를 만나 사랑하는 것도, 결혼하는 것도 모두 도전에 해당한다. 도전 없이는 성공도 없고 행복한 삶을 살 수도 없다.

아이나 어른 모두 처음 해보는 일 앞에선 두려운 생각이 든다. '다른 사람들처럼 잘 따라갈 수 있을까?', '이 일을 잘해낼 수 있을까?'

그런데 이런 사람도 있다. 처음 해보는 일이지만 조금도 주저하거나 불안해하지 않는다. 오히려 도전을 즐기는 듯하다. 이런 사람의 특징은 작은 성공 경험이 많다는 것이다. 어렸을 때부터 다양한 성공 경험이 축적되어 이번에도 잘할 수 있다는 믿음이 있기 때문이다. 이런 사람은 실패도 사람이라면 반드시 거쳐야할 하나의 과정이라고 여긴다. 그래서 도전이 두렵지 않은 것이다.

도전에 앞서 불안해하는 사람은 실패 경험이 많은 사람이다. 아니면 도전을 한 번도 못해본 사람이거나. 그는 할 수만 있다면 실패 경험을 피하고 싶은 것이다.

앞에서 소개한 소년 태호와 진수는 그대로 방치할 경우 모험심이나 성취욕구는 눈을 씻고 봐도 없는 사람으로 자라기 쉽다.

조금만 어려워도 금세 주저하고 포기하는 아이들이 늘어간다. 손으로 만드는 간단한 것도 안 하려 하고, 엄마가 나서서 해보라고 시키면 대충 흉내만 내본다. 그러다 아이의 입에서 "하기 싫어." "힘들어."라는 말이 버릇처럼 나온다. 쉽게 주저하고 포기하는 아이를 보며 부모들은 "넌 어째서 해 보지도 않고 그러니?"라고 안타까운 마음에 부르짖는다.

다음은 초등학교 4학년생 딸아이를 둔 어머니의 메일이다.

오늘 아이한테서 전화가 왔어요. 요즘 학예회 연습으로 무용연습을 방과 후까지 하고 있습니다. 그런데 오늘 선생님이 갑자기 지금까지 연습하던 무용을 다른 무용으로 바꾸어 버렸다며 불만이었어요. 바뀐 무용은 노래도 길고 어렵고 조금만 틀리면 선생님께 혼난다며 무섭고 속상해서 무용연습 하기 싫다며 떼를 쓰는데 달래느라 진땀을 빼야 했습니다. 물론 익숙해진 무용을 갑자기 바꾸어버려 속상한 건 이해가 갑니다. 하지만 아이의 문제는 이번뿐만 아니라 새로운 것, 조금만 어렵다고 생각되는 것은 시작하기도 전에 포기해버린다는 것입니다. 너무나 쉽게 포기하는 우리 아이, 어떻게 해야 할까요?

아이의 행동을 지적하기보다는 먼저 실패에 대한 아이의 두려움과 공감을 덜어주는 것이 중요하다. 그런데 이렇게 아이의 속을 긁어놓는 부모도 있다.

"그러면 그렇지. 이번엔 어쩐지 다른 때보다 좀 오래 하더라." "너는 어떻게 다른 애들처럼 진득하게 하는 법이 없니?" "그렇게 쉽게 포기해서 세상을 어떻게 살아갈래?"

눈에 거슬리는 행동이 반복되면 답답하고 화가 나는 것은 어쩔 수 없다. 그렇더라도 아이에게 상처를 주는 말은 삼가야 한다. 사실 무작정 자신감을 가지라는 말은 기가 많이 꺾인 아이에게 그다지 격려가 되지 않는다.

"실망 많이 했겠구나. 기분이 안 좋겠네."라고 가볍게 위로한다. 그러면서 아이 스스로 앞으로 어떻게 하고 싶은지 물어본다.

단계를 차례로 밟아나가는 것도 중요하다.

아이 스스로 문제를 해결할 수 있는 시간을 주고 성공의 경험을 쌓도록 한다. 참을성이 없고 쉽게 포기하는 아이들의 양육 환경을 살펴보면 한 가지 공통점이 있다. 어렸을 때부터 부모가 알아서 모든 것을 챙겨주는 경우가 많다. 아이는 자신이 원하는 것을 말하기도 전에 엄마가 이미 앞에 대령해 놓았기 때문에 자신이 굳이 나서서 해야 할 필요성을 느끼지 못했다.

따라서 아이가 할 수 있는 일은 굳이 부모가 나설 필요는 없다. 아이 스스로 하도록 이끄는 것이 중요하다. 이런 과정에서 아이는 자율성을 배우게 된다. 힘들어도 자신이 해낸 일이나 끝까지 도전해 얻어낸 성공이야말로 값지다는 것을 느끼게 된다. 이는 아이가 자신의 능력을 믿고 자신감을 키워 가는데 도움이 된다.

아이가 스스로 하는 것에 점차 익숙해지고 자신감이 붙으면 조금씩 단계를 올려보자. 약간의 어려운 문제도 아이는 엄마가 칭찬했을 때 기분 좋았던 기억을 살려 조금 더 집중하는 모습을 보이게 된다. 그리고 자기 스스로 해냈다는 자부심, 앞으로 더 잘 할 수 있다는 자신감 또한 덤으로 얻을 수 있다.

성공이냐 실패냐, 하는 결과보다 과정의 중요성에 대해 가르친다. 사실 아무리 열심히 노력해도 실패하는 경우가 있다. 이때 실패라는 결과만 놓고 보면 허무하기 짝이 없다. 당연히 과정까지 실패한 것으로 인식된다. 따라서 아이가 비록 성공한 것은 아니라도 노력과 과정에 대해 충분히 인정하고 격려해준다. 그럴 때 비로소 아이는 비록 결과가 좋지 않더라도 최선을 다하는 것이 중요하다고 생각하게 된다.

마지막으로 가능한 한 아이에게 많은 선택의 기회를 제공해야 한다. 어려운 상황에 부딪혔을 때 아이 스스로 해결책을 찾을 수 있도록 해결 방안을 질문해 스스로 생각할 수 있는 기회를 만들어주는 것도 도움이 된다.

아이의 견해를 존중하면서 보다 폭넓게 생각할 수 있도록 도와주면 아이는 자존감이 높아진다. 자존감이 높은 아이는 자기 믿음이 강하기 때문에 좀처럼 쉽게 낙망하지 않는다.

08 정리정돈을 못해요···

올해 초등학교 1학년 딸아이를 둔 엄마입니다. 딸아이가 정리정
돈을 너무 안해서 잔소리도 하고 야단을 쳐도 고쳐지지 않습니다. 벗은 옷
은 방바닥에 뱀의 허물처럼 그 자리에 있고 책상 위는 책과 연필과 공책들
이 뒤엉켜 아수라장입니다. 이런 방에서 어떻게 태연하게 숙제를 하는지
신기할 정도입니다.

아이를 키우는 엄마들의 불만 중 하나가 바로 아이들이 방을 어질러놓
고 치울 줄 모른다는 것이다. 동화책을 보고 난 후에도 방바닥에 그대로
내버려두고 바깥에 나갔다가 온 후에는 옷을 아무렇게나 벗어놓는다. 그
래서 엄마들은 아이의 뒤를 졸졸 따라다니며 잔소리를 하게 된다.

정리정돈을 하지 않는 아이들의 심리는 부모가 해주겠지 하는 기대심
리와 '귀차니즘'이다. 아이가 너무 예쁘고 안쓰러워서 부모가 대신 치워
주고 닦아주다 보면 아이는 그것을 당연하게 생각하고 귀찮은 일은 좀

처럼 자신의 일로 여기지 않는 것이다.

유치원 일과 중에 자유선택활동이 있다. 아이들은 스스로 흥미 있는 장난감을 선택해서 가지고 논다. 그리고 놀이가 끝나면 아이들은 스스로 정리정돈을 하게 된다. 그런데 정리정돈 시간에 보이는 아이들의 행동 양상은 다양하다.

- 계속해서 놀이를 하는 아이
- 자신이 가지고 논 것만 치우는 아이
- 정리하는 곳에서 빠져나와 다른 곳에서 딴전을 피우는 아이
- 화장실에 간다고 하는 아이
- 정리는 하고 있지만 흉내만 내는 것에 불과한 아이
- 자기 것을 다 치우고 다른 친구의 것도 정리해주는 아이
- 놀이는 하지 않았지만 기꺼이 정리를 하는 아이
- 전부 자기가 하겠다고 욕심을 부리는 아이

이처럼 아이들은 다양한 모습을 보인다. 정리정돈을 잘 못하는 아이들은 대체적으로 머릿속도 뒤죽박죽이기 쉽다.

정리정돈이란 엉망으로 흐트러진 것을 기준에 따라 질서 있는 상태로 만드는 것을 말한다. 예를 들어 연필을 연필끼리 책은 책끼리 머리를 쓰며 분류하고 보기좋게 정리하는 것이다. 머리를 쓰는 것이 귀찮고 움직이는 것이 귀찮은 아이들에게 정리정돈이란 그저 피하고 싶은 노동일지 모른다. 집중력이 부족한 아이들에게는 더욱 귀찮고 요원한 일이 아닐 수 없다.

반면에 자신이 가지고 놀았던 장난감을 정리하는 아이들은 자신의 손으로 어질러진 것들이 깨끗이 정돈되는 즐거움을 이미 알고 있다. 어떤 아이는 서두르지 않고 여유까지 부린다. 이런 여유는 다른 친구와 대화를 나눌 때도 나타난다. 서두르지 않고 또박또박 조리있게 자신의 의견을 펼친다.

하루는 정리정돈을 잘하지 않기로 유명한 현수의 문제 행동을 수정하기 위해 밥을 먹은 후 수저를 정리하는 것부터 지도를 시작했다. 책상 위를 정돈하는 것이 그 다음 단계였다.

처음에는 수저 정리도 자꾸 까먹더니 시간이 지나면서 책상 위의 정리정돈까지 가능해졌다. 순서를 지키고 반복해서 하게 했더니 아이의 정리정돈 능력은 눈에 띄게 향상되었다. 부모님께 가정에서도 현수가 정리정돈을 잘할 수 있도록 협조를 부탁드렸다.

현수가 한 가지 일을 하고 있을 때 또 다른 놀이에 흥미와 관심이 생겨도 지금 하고 있는 장난감을 확실하게 정리정돈을 하고 나서 다른 놀이를 할 수 있도록 지도했다. 책을 보다가 다른 책에 흥미를 느끼더라도 마지막장까지 함께 보며 내용 이해를 도왔고, 읽던 책을 반드시 책장에 꽂아둔 후 새로운 책을 보게 했다. 식사 중에는 식사에만 전념하고 식사를 마친 후 수저 정리와 양치까지 하고 나서 놀이를 할 수 있도록 지도했다.

첫째, 현수가 반드시 해야 할 정리정돈 목록을 작성했다. 예를 들면, 기상 후 이불 정리, 세면도구 제자리 놓기, 보던 책 제자리에 놓기, 세탁할 옷 빨래통 안에 두기.

둘째, 현수에게 목록을 제시한 후 혼자 하기 힘든 부분은 체크해 선생님이나 엄마아빠의 도움을 받도록 했다.

셋째, 현수가 반드시 해야 할 정리정돈 목록(한 달 단위)을 작성한 후 냉장고와 같이 눈에 잘 띄는 곳에 붙여두고 스스로 체크하도록 했다.

넷째, 목록 가운데 실천율이 떨어지는 것을 체크해 현수와 함께 원인을 찾았다. 그리고 다시 목록을 작성한 후 일주일 주기로 반복하고 성공적으로 습관화된 것은 목록에서 삭제했다.

한 달이 지나갈 무렵부터 현수의 문제 행동은 눈에 띄게 달라졌다. 이야기 나누기 시간에 집중도도 높아졌고 스스로 정리하는 횟수도 많아졌다. 식사 후 수저를 정리하고는 뿌듯해하는 표정으로 다가와 "선생님, 저 이제 정리 잘하지요?"라고 말하며 콧노래를 부르기까지 하는 현수였다.

이제 현수는 다른 친구들의 정리정돈을 도와주는가 하면 색깔별, 종류별로 블록을 정리하기도 한다. 등원시의 모습도 많이 달라졌다. 엄마 품에서 떨어지지 않으려던 현수가 이제는 먼저 줄을 서서 유치원 버스를 기다리다가 씩씩하게 인사를 하고 자리에 앉아 벨트를 맨다. 모든 일에 자신감을 갖고 스스로 하겠다는 의욕으로 충만했다.

아이가 정리정돈을 잘하지 않는다고 해서 잔소리를 늘어놓거나 야단치기보다는 아이에게 치워야 하는 이유를 자세하게 설명해주고 잘할 수 있다고 격려해주는 것이 중요하다.

아이에게 다음과 같은 질문을 던져본다.

"장난감이 전부 뒤섞여 방바닥에 굴러다니면 어떻게 될까?"

"곰 인형이 어디 있는지 모르겠다고? 토이 박스를 정리하면 금방 나올 것 같은데, 엄마가 도와줄까?"

정리정돈이 잘 되어 있으면 좋아하는 곰인형을 금방 찾을 수 있다는 사실을 아이는 엄마와의 대화중에 깨닫는다. 스스로 깨달으면 아이는 자발적으로 정리정돈을 하게 된다.

게임의 형태를 활용해 보는 것도 도움이 된다.

"엄마는 여기 있는 인형을 정리할 거야. 너는 블록을 정리해볼래? 자, 그럼 누가 더 빨리 정리하는지 내기할까? 꼼꼼히 잘 정리하면 보너스 점수도 있다! 자, 그럼 시작!"

귀찮은 일도 게임이나 시합으로 변형시키면 놀이가 된다. 아이는 즐거운 마음으로 정리정돈이라는 놀이를 즐길 수 있는 것이다.

몇시부터 하자고 아이와 정리시간을 정했다면 아이가 놀고 있을 때 5분 전쯤 미리 알려준다. 한창 놀이에 몰입해 있을 때 통보하는 것보다 미리 정리시간을 알려주면 아이는 스스로 놀이를 마무리할 수 있다.

정리정돈을 할 때는 아이의 의견을 자주 묻는다.

"엄마와 함께 정리정돈해 볼까?"
"이건 어디에 넣으면 좋을까?"
"와! 거기 넣어야 하는구나. 그걸 알다니 역시 내 딸(아들)이야."
"누가누가 정리정돈 잘하나 볼까?"
"엄마는 이거 정리해야지."

아이의 잘못된 습관을 고칠 때 가장 먼저 전제되어야 할 것은 부모부터 잘못된 습관을 고쳐야 한다는 점이다. 안방이나 부엌을 잔뜩 어질러

놓고 아이에게 정리정돈을 잘하라고 잔소리하면 아이는 무척이나 혼란스러울 것이다. 정리정돈을 잘하는 부모 밑에 정리정돈 잘하는 아이가 있다. 깨끗하고 단정하게 생활하는 모습을 부모가 본보기로 보여 주는 것이 백마디 말보다 효과적이다.